儿童营养创意食谱

中国饮食文化专业丛书编委会

主　编　吴　杰　郭玉华

编　著　吴　曼　吴昊天　王春丽
王淑芳　王　茹　王祥华
刘　捷　刘思含　刘淑芝
李　松　李　晶　李有群
李淑芬　张珠珍　张亚军
张春娟　程顺志　宋宝柱
马艳华　任弘捷　申东涛
高庆锋　齐桂荣　鲍跃强
方志平　郑玉平　郑金标
武淑芬　原国强　石永国
韩锡艳　詹流斌　邓天原

摄　影　吴昊天　吴　杰

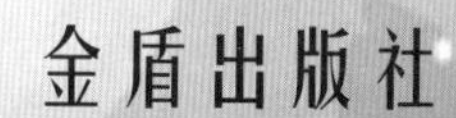

内 容 提 要

这是一本专为广大儿童编写的创意营养食谱。书中精选了三百六十余款用料科学、营养价值高、易学易做的诱人创意象形主副食，种类包括菜肴、包子、馒头、花卷、饺子、锅贴、糕饼、面条、米饭、粥、米糊、水果、果冻、果汁、汤、羹等。本书图文对照，对每款食品的用料配比、制作步骤及操作要领做了具体介绍。内容简明实用，一看就懂，一学就会，对于广大烹饪爱好者，特别是初学者及年轻的妈妈来说，是一本十分难得的烹饪教材。

图书在版编目(CIP)数据

儿童营养创意食谱／吴杰，郭玉华主编．—北京：金盾出版社，2016.8

ISBN 978-7-5186-0908-6

Ⅰ.①儿… Ⅱ.①吴…②郭… Ⅲ.①儿童—食谱 Ⅳ.①TS972.162

中国版本图书馆 CIP 数据核字(2016)第 070820 号

金盾出版社出版、总发行

北京太平路5号(地铁万寿路站往南)

邮政编码：100036 电话：68214039 83219215

传真：68276683 网址：www.jdcbs.cn

北京凌奇印刷有限责任公司印刷、装订

各地新华书店经销

开本：787×1092 1/16 印张：8.5

2016年8月第1版第1次印刷

印数：1～3 000册 定价：40.00元

前　言

孩子吃什么？怎么吃？怎样才能让孩子们爱上美食并吃出健康的身体？科学实践证明，极诱儿童食欲的象形食品可吸引孩子的目光，让孩子更加充满食欲。本书在激发孩子食欲的基础上更加注重饮食的质量，让儿童食品的营养更加全面而均衡。

为了指导广大儿童科学饮食，我们根据儿童的生理需求，精选了部分满足儿童营养需求的畜肉、禽蛋、水产品、豆制品、食用菌、蔬菜、水果、米、面等食材，采用传统的烹调方法，制作了既有创意又鲜美无比、色香味形俱佳、营养全面的儿童营养食品，献给广大儿童。本书内容丰富，原料易取，制作步骤清晰，易学易做，按书习做，可把婴幼儿美食做得有滋有味。该书共精选营养主、副食三百六十余款，精美的图片配以简洁的文字，就每一款食品的用料配比、制作方法、操作提示等做了介绍，集科学性、实用性于一体。本书既可供广大家庭使用，也适合婴幼儿保健中心、幼儿园配餐人员使用。

本书在编写过程中得到了上海市浦东新区新星幼儿园、吉林省四平市少

青锁具、江苏省军区、辽宁省军区后勤部等单位及郑亚平、姜维鹏、刘龙、黄立新、郭贵春、林丛丽、郝丽、杜华、孙亚新等同志的大力支持与帮助，在此深表谢意！

目 录

一、菜肴类

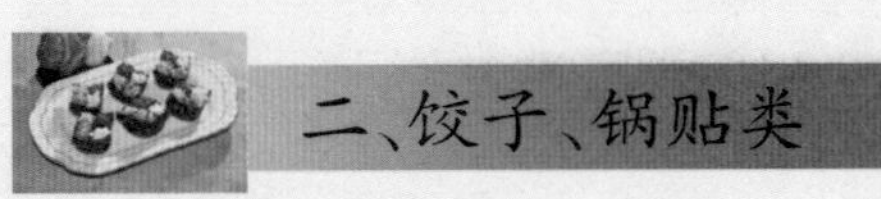

二、饺子、锅贴类

三、包子、馒头、花卷类

目 录

四、糕、饼、面条类

五、饭、粥、米糊类

六、水果、果冻、果汁类

七、汤、羹及其他类

一、菜肴类

荔 枝 肉

【原料】 猪瘦肉 200 克，鸡蛋清 1 个，白糖、番茄沙司、生粉各 35 克，醋 20 克，绍酒、葱姜汁各 10 克，油 500 克，精盐 1 克。

【制法】

1. 猪瘦肉切成大厚片，剞上多十字花刀，切成三角块。

2. 用绍酒、葱姜汁、盐、蛋液、生粉拌匀，下六成热油锅炸熟捞出。

3. 锅加全部调料炒开，下肉翻匀，装盘即成。

【提示】 芡汁要稠稀适度。

虎 眼 肉

【原料】 猪瘦肉末 60 克，咸鸭蛋蛋黄 1 个，鸡蛋黄 1 个，绍酒、葱姜汁、酱油各 8 克，白糖、生粉各 2 克，精盐、五香粉各 0.5 克，油 500 克。

【制法】

1. 肉末加鸡蛋黄及全部调料（不含油）搅匀。

2. 肉馅包上鸭蛋黄，下五成热油锅炸透捞出，切两半即成。

【提示】 肉馅包蛋黄时要薄厚均匀，用中火炸制。

鲜花鹿肉

【原料】 鹿肉末 150 克，水发百合、杏仁、香菜叶各 5 片，盐水西兰花 50 克，鸡蛋黄 1 个，鸡汤 25 克，葱姜汁、鲍鱼汁、蚝油、香油各 10 克，精盐 1 克，白糖 3 克，五香粉 0.5 克。

【制法】

1. 鹿肉末加蛋黄及全部调料搅匀上劲。

2. 成花状摊在盘内，点缀香菜、百合、杏仁。

3. 入锅蒸熟取出，配西兰花即成。

【提示】 盘内先抹上油再抹肉馅，不要太厚，否则不易熟。

金瓜酿肉

【原料】 去瓤小南瓜1个，牛肉末100克，荸荠粒25克，鸡蛋1个，绍酒、葱花各15克，生粉、精盐各2克，油10克。

【制法】

1. 小南瓜顶部刻上锯齿花纹，去瓤。
2. 牛肉末、荸荠粒加剩余全部原料搅匀。
3. 装入小南瓜中，入锅蒸透取出即成。

【提示】 南瓜需大火蒸制。

菊花里脊

【原料】 猪里脊200克，鸡蛋清1个，生粉、绍酒、葱姜汁各20克，酱油10克，油500克，汤50克，白糖、鸡精、精盐各2克。

【制法】

1. 里脊肉剞上多十字花刀，切成小块。
2. 肉用鸡蛋清及绍酒、葱姜汁、生粉拌匀。
3. 菊花肉下四成热油锅滑熟捞出。
4. 锅加全部调料炒开勾芡，下入肉翻匀即成。

【提示】 里脊剞刀时要均匀一致。

蒸 肘 花

【原料】 卤肘子5片，胡萝卜9片，精盐、鸡精各1克，香油10克。

【制法】

1. 胡萝卜片撒上精盐、鸡精、香油拌匀。
2. 肘子、胡萝卜片成花状摆盘，蒸透即成。

【提示】 胡萝卜要斜切成长片。

糟熘菊花肉

【原料】 猪里脊肉200克，鸡蛋清1个，醪糟汁25克，生粉、绍酒、葱姜汁各10克，油500克，汤30克，鸡精、精盐各2克。

【制法】

1. 里脊肉剞上多十字花刀，切成小块。

2. 用蛋清及绍酒、葱姜汁、生粉拌匀。

3. 菊花肉下四成热油锅滑熟捞出。

4. 锅加全部调料炒开勾芡，下肉翻匀，装盘即成。

【提示】 里脊剞刀时要均匀一致。

心形酱汁肉饼

【原料】 牛肉末50克，荸荠碎、葱末各15克，蚝豉酱、绍酒各20克，生粉、姜末、老抽、白糖各3克，汤35克。

【制法】

1. 牛肉末加绍酒、葱姜、荸荠及蚝豉酱5克、汤10克搅匀。

2. 呈心形装盘蒸熟。锅加汤及剩余全部原料炒浓，浇在肉饼上即成。

【提示】 汤汁炒浓后用调稀的生粉勾芡。

干贝肉圆

【原料】 鹿肉末75克，猪肥膘肉25克，水发干贝2个（搓丝），葱姜末、蚝油、酱油、鸡汁各5克，精盐1.5克，白糖3克。

【制法】

1. 肥膘肉切成小丁，同鹿肉末及剩余全部原料调匀。

2. 肉馅团成大肉圆装碗，蒸制软烂取出即成。

【提示】 大火蒸至入口即化。

三鲜肉鱼

【原料】 猪肉75克，虾仁、净鱼肉蓉各50克，骨汤25克，花雕酒、葱姜末各15克，蚝油10克，白糖、精盐各2克，五香粉、胡椒粉各0.5克。

【制法】

1. 猪肉、虾仁切成粒略斩，加剩余全部原料摔打上劲。

2. 装在金鱼形模具内抹平，入锅蒸熟取出，扣在盘内即成。

【提示】 肉馅切碎后用刀背剁几下。

糖醋排骨

【原料】 猪排骨500克，白糖60克，米醋30克，葱段、姜片各20克，料酒、酱油各15克，湿淀粉、香油各5克，油500克。

【制法】

1. 排骨剁成段，下七成热油中炸上色捞出。

2. 锅留油15克，下全部原料（不含淀粉）烧熟烂。

3. 用湿淀粉勾薄芡，装盘即成。

【提示】 排骨用大火炸，小火烧。醋要留一半出锅前放。

蚝汁牛腱

【原料】 熟牛腱子片75克，油菜心、冬笋各25克，汤100克，白糖、老抽、生粉各2克，蚝油、柠檬汁各10克。

【制法】

1. 锅加汤、蚝油、白糖、老抽、牛腱子片烧透，用生粉勾芡。

2. 加柠檬汁装盘。油菜、冬笋下沸水锅焯透捞出，装盘即成。

【提示】 焯油菜、冬笋时水中要加少许盐及油。

橙汁排骨

【原料】 猪排骨段400克，湿淀粉125克，浓缩橙汁、白糖各35克，米醋、绍酒各20克，蒜末、酱油各10克，精盐1克，汤75克，油750克。

【制法】

1. 排骨用精盐、酱油、绍酒拌匀，挂匀湿淀粉糊。

2. 排骨下五成热油锅炸透至表皮焦脆倒出。

3. 锅留少许油，下蒜末，加全部调料炒开，勾芡，倒排骨翻匀装盘即成。

【提示】 排骨要炸两遍。

双珍扒肘子

【原料】 净猪肘子1个，玉米笋、水发松茸各75克，炒菠菜125克，葱段、姜片、蚝油、绍酒各20克，花椒、八角、白糖、精盐、湿淀粉各3克。

【制法】

1. 肘子里侧划上刀口焯透，放容器内，加全部调料。

2. 放上松茸、玉米笋，入锅蒸至软烂取出。

3. 炒菠菜铺盘，上面放肘子、玉米笋、松茸。

4. 蒸肘子的汤烧开勾芡，浇在肘子上即成。

【提示】 肘子用大火蒸制。玉米笋蒸的时间不要过长。

荷花盐水猪肝

【原料】 猪肝500克，黄柿子、青椒片各150克，葱段、姜片、花雕酒各20克，精盐5克，八角3克，花椒1克。

【制法】

1. 猪肝放入冷水锅内，加全部调料，小火烧开煮熟。

2. 猪肝切片装盘，用黄柿子、拌青椒片点缀即成。

【提示】 猪肝要提前泡去血水，小火浸煮。

花雨伞

【原料】 鸡肉丁、虾仁丁各50克，熟油菜泥100克，杏仁片、果酱各15克，胡萝卜条25克，蛋清半个，精盐1.5克，葱姜汁、绍酒、湿淀粉、油各10克，糖1.5克。

【制法】

1. 鸡肉丁、虾仁丁用全部调料(不含油)拌匀。

2. 锅内加油，下鸡肉丁、虾仁丁炒熟装盘，盖上油菜泥成伞状。

3. 用焯熟的胡萝卜条、杏仁、果酱点缀即成。

【提示】 油菜泥的做法为，油菜切碎后用油、葱末、盐、糖炒熟即可。

瓜香鸡丁

【原料】 伊丽莎白瓜1个，鸡肉丁100克，胡萝卜丁、熟豌豆粒各20克，鸡蛋清半个，汤25克，绍酒、葱姜汁、油各10克，精盐1.5克，生粉5克，白糖3克。

【制法】

1. 鸡肉丁用绍酒、蛋清及生粉3克拌匀。锅内加油。

2. 下鸡肉丁、胡萝卜丁炒熟，下豌豆及全部调料翻匀出锅。

3. 装在切开的沙白瓜内即成。

【提示】沙白瓜用刀刻出锯齿花纹，去瓤。

火龙果鸡丁

【原料】 鸡腿肉丁125克，红火龙果丁50克，鸡汤35克，蛋清半个，白糖20克，醋8克，生粉6克，葱蒜末、绍酒各10克，精盐1克，油100克。

【制法】

1. 鸡丁用盐、绍酒、蛋清及生粉4克拌匀。

2. 鸡丁下四成热油锅滑熟倒出。

3. 锅留少许油，下葱蒜末、鸡汤及剩余全部原料翻匀出锅即成。

【提示】 汤汁炒开后用生粉勾薄芡再下火龙果、鸡丁。

三 鲜 鸭

【原料】 鸭腿肉末 75 克，虾仁丁、鱼肉丁、油菜末、胡萝卜片各 25 克，葱姜末、黄酒、蚝油、香油、油各 10 克，精盐、鸡精各 1.5 克，胡椒粉 0.5 克，湿淀粉 5 克，汤 100 克。

【制法】

1. 肉末加全部原料（不含蚝油、淀粉及汤 75 克）搅匀。

2. 在盘内做成鸭子状，用胡萝卜点缀鸭腿蒸熟。

3. 将余下调料炒开，浇在鸭子上即成。

【提示】 盘内要先抹油。大火蒸。

白 骏 马

【原料】 鸡蓉 150 克，马肉丁、五花肉丁各 50 克，笋丁、豆干丁各 30 克，鸡蛋清半个，葱姜末、绍酒、葱姜汁、油各 100 克，汤 125 克，生粉、精盐各 3 克。

【制法】

1. 鸡蓉加盐、绍酒各半、汤 25 克及葱姜汁、蛋清搅匀。

2. 锅内加油及剩余全部原料（不含汤、生粉）炒熟装盘。

3. 盖上鸡蓉成马形，蒸熟取出。汤烧开勾芡浇上即成。

【提示】 原料切小丁，用干豆腐丝点缀马鬃和马尾。

香 卤 蛋

【原料】 卤蛋 3 个，鸡蛋 1 个，羊肉末 50 克，绍酒、鲍鱼汁、葱姜末各 10 克，精盐 2 克，鸡汤 100 克。

【制法】

1. 鸡蛋加全部调料搅散加肉末搅匀。

2. 卤鸡蛋切两半，成花状扣在蛋液中蒸熟即成。

【提示】 蛋液不要没过卤蛋。

梅花蒸蛋

【原料】 鸡蛋6个，葱段、姜片、白糖各25克，油、鸡汁各10克，精盐、八角、桂皮、豆蔻、草果、砂仁、白芷各5克，香叶、小茴香各1克。

【制法】

1. 鸡蛋放入冷水锅中煮熟，去皮。锅内加油、白糖炒成红色。

2. 加水及全部调料，将鸡蛋卤透捞出，刻成兔子即成。

【提示】 鸡蛋煮断生即可捞入冷水中去皮。将鸡蛋一面片下一片，制成兔耳，在鸡蛋大头上方划一刀将兔耳插入。

牛肉浇蛋

【原料】 煮鸡蛋4个，牛肉末50克，胡萝卜丁、青椒丁各25克，蚝油、油、葱姜末各10克，白糖、生粉各2克，精盐1克，骨汤50克。

【制法】

1. 鸡蛋刻成锯齿刀成两半装盘。

2. 锅内加油、牛肉略炒，加剩余全部原料炒熟勾芡，浇在鸡蛋上即成。

【提示】 牛肉不要炒过火。

蛋羹肉丸

【原料】 鸡蛋2个，鹿肉末75克，虾肉粒25克，韭菜末50克，葱姜汁25克，绍酒、鸡油各10克，汤150克，精盐3克。

【制法】

1. 蛋液加盐、绍酒各半及汤、韭菜末搅匀。

2. 其余原料搅匀，挤成丸子放在蛋液中蒸熟取出即成。

【提示】 蛋液用深盘装，稠稀度可灵活掌握。

莲蓬鱼

【原料】 鱼肉泥150克，豌豆50克，鸡蛋清1个，熟五花肉粒75克，香菜末、鸡汤各25克，虾皮、绍酒、葱姜汁、葱姜末各15克，白糖、精盐各3克，鸡油10克。

【制法】

1. 鱼肉泥加绍酒、葱姜汁、蛋清、汤及油、盐各半搅匀。

2. 余下全部原料拌匀，作为馅料。鱼肉泥抹在小碟内放上馅料。

3. 盖上余下鱼肉泥，点缀豌豆粒成莲蓬肉，蒸熟即成。

【提示】 全部原料不含豌豆。

烧黄鱼

【原料】 净大黄鱼1条，猪五花肉丁30克，冬笋丁20克，酱油、绍酒、葱姜末各20克，蚝油、鸡油各15克，白糖5克，精盐1克，汤、油各500克。

【制法】

1. 黄鱼两面剞上花刀，下八成热油锅略炸倒出。

2. 锅加鸡油，肉丁炒熟，加剩余全部原料，下鱼烧透至汤干，装盘即成。

【提示】 大火炸，小火烧。

酿蒸鳜鱼

【原料】 净鳜鱼1条，牛肉末200克，鸡蛋1个，绍酒、葱姜汁各20克，蚝油、葱姜末、鸡油各15克，精盐3克。

【制法】

1. 鳜鱼剞上花刀，抹匀绍酒、葱姜汁及精盐。

2. 牛肉末加剩余全部原料搅匀，酿在鳜鱼的刀口内。

3. 余下的肉馅填入鱼腹内，入锅蒸熟取出即成。

【提示】 大火蒸制。

香菇鳗鱼

【原料】 净白鳗 1 条，泡香菇 75 克，葱段、姜片、绍酒、蚝油、鸡油各 10 克，老抽、白糖、湿淀粉各 5 克，精盐 2 克，胡椒粉 0.5 克，鸡汤 75 克。

【制法】

1. 白鳗切成厚片，用葱姜、绍酒、盐入味摆盘。

2. 每片鳗鱼放上一个香菇，蒸熟取出。

3. 锅加剩余全部调料炒开，浇在鳗鱼香菇上即成。

【提示】 大火蒸熟即可，不能过火。

烤原味鳗鱼

【原料】 净白鳗 1 条，葱段、姜片、绍酒 20 克，白糖 5 克，精盐 2 克。

【制法】

1. 白鳗切成段，放锡纸上，加全部调料拌匀包严。

2. 放烤箱内 180℃烤熟，取出即成。

【提示】 鳗鱼段最好多腌一会儿。

烤蟠龙鳝

【原料】 净白鳝（鳗鱼）1 条，豆豉碎 15 克，猪油、绍酒、酱油、蒜茸、姜米各 10 克，精盐、白糖各 2 克，味精 1 克，胡椒粉 0.5 克，生粉、葱花各 8 克。

【制法】

1. 白鳝在背部剞上直刀，切断鱼骨，腹部相连。

2. 将全部调料拌匀入味，盘在锡纸中包严，放烤箱中 200℃烤 30 分钟即成。

【提示】 剞刀时注意不要把鱼切断。

碧波金鱼

【原料】 鱼肉蓉 75 克，肥肉蓉 25 克，菠菜泥 50 克，鸡蛋 2 个，骨汤 150 克，花雕酒、葱姜末、鸡油、瑶柱汁各 10 克，精盐 3 克，胡椒粉 1 克。

【制法】

1. 鸡蛋液加花雕酒、精盐各半及骨汤、菠菜泥搅匀。

2. 鱼蓉加剩余全部原料搅匀上劲，装在鱼形模具内抹平。

3. 蛋液、鱼蓉入锅蒸熟取出，金鱼扣在蛋羹上即成。

【提示】 要选用无小刺的鳜鱼肉等肉。

兰花鲍鱼

【原料】 煨好的鲍鱼 3 只，盐水西兰花 75 克，绍酒、蚝油各 15 克，白糖、生粉、老抽各 3 克，葱油 10 克，原汤 150 克。

【制法】

1. 鲍鱼切片装碗，加蚝油、绍酒、老抽、白糖、原汤搅匀。

2. 入锅蒸透取出，汤汁沥入锅内炒开用生粉勾芡。

3. 加葱油浇在鲍鱼上，围上西兰花即成。

【提示】 鲍鱼要先煨至软烂。

蒸豆腐鱼丸

【原料】 沙丁鱼蓉 150 克，豆腐 200 克，葱姜汁、料酒各 20 克，精盐 3 克，味精、胡椒粉各 1 克，湿淀粉 5 克，蚝油、鸡油各 10 克，汤 25 克。

【制法】

1. 豆腐切成厚片，用蚝油入味摆盘。

2. 鱼蓉加剩余全部原料搅匀，挤成丸子放在豆腐片上。

3. 入蒸锅蒸熟取出即成。

【提示】 鱼蓉越细越好。

翡翠鱼花

【原料】 净鱿鱼肉400克，沙丁鱼肉蓉100克，鱿鱼肉蓉50克，蛋清半个，油菜心、汤各75克，葱姜汁、葱姜末、绍酒、香油各10克，湿淀粉5克，精盐3克。

【制法】

1. 鱼肉蓉加葱姜末、绍酒、蛋清及盐1克调匀，作为馅料。

2. 鱿鱼剞上花刀，切长方块，酿入肉馅蒸熟取出。

3. 锅加汤及剩余调料、油菜心炒开，用淀粉勾芡，下鱿鱼卷翻匀，装盘即成。

【提示】 鱿鱼卷大火蒸透即可，不要过火。

三鲜鱼饼

【原料】 净鲅鱼肉泥75克，鸡肉粒、蟹肉粒各25克，鸡蛋液半个，绍酒、葱姜汁、鸡油各10克，精盐、湿淀粉各2克，胡椒粉1克，生粉3克，鸡汤30克。

【制法】

1. 全部原料（不含鸡汤、淀粉及盐1克）搅拌上劲。

2. 装在模具内蒸熟取出。锅加鸡汤、盐烧开，用淀粉勾芡浇在鱼饼上即成。

【提示】 模具内要抹上油。油不在原料之内，因常用的模具可以不抹。

鱼 翅 冻

【原料】 水发鱼翅50克，猪肉皮、鸡鸭骨架各200克，葱姜段、花雕酒各25克，酱油、蚝油各10克，鱼露、白糖各5克。

【制法】

1. 肉皮、鸡鸭骨架焯透捞出，再同剩余全部原料下锅。

2. 加水熬浓，捞出肉皮、骨架、葱姜。

3. 汤汁烧开，倒在鱼形模具内凝固，取出即成。

【提示】 肉皮焯烫后切成丝，小火熬至汤汁浓稠。

清汤鱼翅

【原料】 水发鱼翅200克，猪肘子、鸡肉各400克，干贝、绍酒各20克，葱、姜片各15克，精盐、白糖各3克，清汤1500克。

【制法】

1. 砂锅加焯透的肘子、鸡肉及全部调料。

2. 再放入鱼翅、干贝煨至熟烂装碗，倒入清汤即成。

【提示】 鱼翅用竹箅夹好，小火煨制。

盐 水 虾

【原料】 大虾500克，花雕酒100克，葱段、姜片各20克，精盐5克。

【制法】

1. 将大虾剪去虾须、虾枪，去沙包、沙线。

2. 全部调料放沸水锅内，下大虾烧开煮熟，装盘即成。

【提示】 煮大虾水不能太多，否则鲜味容易流失。

烤 龙 虾

【原料】 活龙虾1只，绍酒、葱姜汁各20克，精盐1克。

【制法】

1. 龙虾剥去虾壳，取出虾肉洗净，用调料腌入味。

2. 龙虾肉放锡纸上包严，入烤箱烤熟取出。

3. 将龙虾肉切成厚片，装盘即成。

【提示】 龙虾不要烤过火，否则口感会硬。

软熘龙虾

【原料】 活龙虾1只，鸡蛋清1个，香葱丁、绍酒、葱姜汁、生粉各15克，油500克，精盐2克，鸡汤50克，湿淀粉、生粉各3克。

【制法】

1. 净龙虾肉切小块，拌匀绍酒、葱姜汁、盐各半。

2. 拌匀蛋清、生粉，下四成热油锅滑熟捞出。

3. 锅加鸡汤及剩余全部调料炒开，下龙虾肉翻匀，装盘即成。

【提示】 用土豆丝炸成雀巢垫底。

清蒸龙虾

【原料】 活龙虾1只，绍酒、葱姜汁各20克，精盐1克。

【制法】

1. 龙虾剥下虾壳，取出虾肉洗净，用调料腌入味。

2. 龙虾肉放回虾壳内，入蒸锅蒸熟取出。

3. 龙虾肉切成厚片，装盘即成。

【提示】 龙虾蒸熟即可，时间不能过长。

鲜虾鱼排

【原料】 大虾仁、鳜鱼肉各150克，肥膘肉、绍酒、面粉各20克，葱、姜末、葱姜汁、湿淀粉各10克，鸡蛋清1个，精盐3克。

【制法】

1. 鱼肉片大片，两面轻剞花刀，拌绍酒、盐、淀粉。

2. 虾仁、肥膘肉剁碎，加剩余全部调料（不含面粉）拌匀。

3. 鱼片撒上面粉，抹上虾蓉，入锅蒸熟取出，切条装盘即成。

【提示】 大火蒸透即可。盘底铺上焯烫的油菜。

葡萄虾球

【原料】 虾肉蓉300克，肥膘肉蓉50克，绍酒、葱姜汁、花椒水各20克，鸡蛋清1个，精盐3克。

【制法】

1. 虾肉蓉、肥肉蓉及剩余全部原料搅拌上劲。

2. 挤成丸子下入冷水锅内烧开汆熟，摆盘即成。

【提示】 大火蒸透即可。

芙蓉凤尾虾

【原料】 大虾8只，鳜鱼肉蓉150克，肥膘肉末、绍酒、葱姜末各20克，油菜末50克，鸡蛋1个，汤100克，精盐3克。

【制法】

1. 取3个虾仁切小丁，余下虾去头去皮留尾壳。

2. 蛋液加盐、葱姜末、绍酒各半及汤、油菜末搅匀。

3. 余下全部原料搅匀，用鱼蓉包上一个凤尾虾，放在蛋液中蒸熟即成。

【提示】 虾尾要留在外面。

什锦南瓜盅

【原料】 小南瓜1个，虾仁丁60克，猪肉丁、山药丁、芹菜丁各35克，绍酒、葱姜汁、油各10克，葱姜末各5克，生粉3克，精盐2克。

【制法】

1. 虾仁丁、猪肉丁拌绍酒、生粉，下油锅炒熟。

2. 下余下全部原料炒匀，装在去瓤的南瓜中，入锅蒸透取出即成。

【提示】 南瓜用尖刀刻上花纹。原料丁不要炒过火。

太极龙凤

【原料】 鸡腿、海参各75克，葱姜末、绍酒各20克，骨头汤、鸡汤各100克，鸡油、猪油、蒜末、瑶柱汁、蚝油各10克，精盐、生粉、白糖各3克。

【制法】

1. 鸡肉、海参分别切碎。锅加鸡油、葱姜末10克炒香。

2. 下鸡肉碎、骨头汤、瑶柱汁及盐糖各半炒熟，勾薄芡离火。

3. 另起锅加猪油及余下全部原料炒浓，同鸡肉呈太极形装盘即成。

【提示】 海参先焯烫再切碎。

群龙戏珠

【原料】 水发海参400克，墨鱼丸、虾丸各75克，猪肉馅150克，油菜心、绍酒、葱段、姜片各25克，鸡油10克，生粉、精盐各3克，鸡汤750克。

【制法】

1. 海参酿入肉馅，下砂锅，加汤、葱姜、绍酒烧开。

2. 焖至软烂，下鱼丸、虾丸、油菜、盐、鸡油烧开。

3. 用生粉勾芡，摆盘即成。

【提示】 汤烧开后要撇净浮沫，保持洁净。

酿烧海参

【原料】 海参600克，葱段、芦笋尖、鲅鱼泥、鲜贝肉泥、羊肉泥各75克，料酒25克，姜片、葱姜蒜末、猪油各15克，鸡油、湿淀粉各10克，精盐4克，鸡汤400克。

【制法】

1. 三种肉泥及料酒15克、精盐1.5克、鲜汤50克及葱姜蒜末搅匀。

2. 海参腹部划开洗净焯透，酿入馅料。

3. 锅加猪油、葱段、姜片及全部原料烧熟，勾薄芡，摆盘即成。

【提示】 芦笋尖要在快出锅前放入。

鲍鱼烧海参

【原料】 水发海参、鲍鱼各6只，干虾仁、葱段各25克，姜片、绍酒、酱油各15克，白糖、老抽各5克，精盐3克，味精1克，八角2粒，湿淀粉10克，高汤400克，猪油20克。

【制法】

1. 鲍鱼剞花刀。锅加油及全部原料（不含淀粉）。

2. 烧至软烂入味，用湿淀粉勾芡，装盘即成。

【提示】 海参、鲍鱼小火烧制。芡汁要薄。

御笔猴头

【原料】 净水发海参、水发猴头菇各150克，刻黄瓜冒3个，胡萝卜圈、鸡肉蓉、猪肉蓉、虾肉蓉各50克，红椒圈、绍酒、葱姜汁各30克，鸡蛋清1个，鸡汁10克，精盐2克，高汤500克。

【制法】

1. 猴头菇、海参分别下高汤锅煮透捞出。

2. 鸡蓉、蛋清、鸡汁、生粉及绍酒15克拌匀。

3. 猪肉蓉、虾蓉加余下调料拌匀。鸡蓉抹在猴头菇内侧及胡萝卜圈内。

4. 猪肉馅酿海参内，摆盘入锅蒸熟取出，同红椒圈、黄瓜摆成毛笔状即成。

【提示】 猴头菇酿馅后蒸时馅要朝上。

蒜蓉鲜贝

【原料】 净鲜贝500克，水发粉丝75 克，蒜蓉20克，绍酒、油、葱末、酱油各15克，白糖3克，香油10克。

【制法】

1. 取鲜贝壳制净，分别放上粉丝、鲜贝肉。

2. 全部调料（不含油）调匀，浇在鲜贝肉上。

3. 入锅蒸熟取出，浇上热油即成。

【提示】 要用大火蒸制，不要过火。

软炸鲜贝

【原料】 鲜贝肉 200 克，鸡蛋清 3 个，绍酒、葱姜汁、生粉各 20 克，油 500 克，精盐、鸡精各 2.5 克。

【制法】

1. 鸡蛋清抽打成蛋泡糊，加生粉及精盐 1 克拌匀。

2. 鲜贝用全部调料（不含油）入味。

3. 鲜贝挂匀蛋泡糊下四成热油锅炸至浮起，捞出即成。

【提示】 鲜贝要小火低温炸制。

烤 生 蚝

【原料】 生蚝 6 个，蒜汁、红椒粒、酱油各 25 克，香油 10 克。

【制法】

1. 生蚝取出肉制净，放回壳内，放炭火上烤。

2. 全部调料调成汁，浇在生蚝上烤透即成。

【提示】 可放烤箱中烤。生蚝千万不能烤老。

鲜花豆腐

【原料】 豆腐丝 150 克，油菜、鸽肉丁各 60 克，红甜椒丁、绍酒、蚝油各 15 克，葱姜末 10 克，精盐 1 克，生粉、白糖各 2 克，油 500 克。

【制法】

1. 豆腐丝下八成热油锅炸黄捞出，同油菜摆盘。

2. 锅留油，下鸽肉炒熟，加余下全部原料炒熟，浇在豆腐丝上即成。

【提示】 豆腐丝不能太细。鸽肉先用生粉拌一下。

兰花豆腐

【原料】 豆腐泥100克，猪肉粒、鸽肉粒、熟鲍鱼粒各50克，绍酒、熟冬笋末各20克，鲍鱼汁、葱姜末、葱姜汁、油各10克，精盐、白糖各3克，油菜丝、枸杞子少许。

【制法】

1. 豆腐泥加葱姜汁及盐1.5克搅匀。锅加油。

2. 下猪肉、鸽肉炒熟，加余下全部原料炒熟出锅，作为馅料。

3. 豆腐泥放模具内摊开，放上馅料，盖上豆腐泥压实，用油菜丝、枸杞子点缀成兰花状，蒸熟即成。

【提示】 豆腐泥越细越好。

菊花豆腐

【原料】 豆腐块200克，骨汤25克，蚝油10克，精盐、鸡精各2克，生粉、白糖各5克，油750克。

【制法】

1. 豆腐剞上交叉花刀，下八成热油锅炸透捞出。

2. 锅加全部调料炒开，用生粉勾芡，浇在豆腐上即成。

【提示】 豆腐块要大小一致。

浇汁豆腐

【原料】 豆腐300克，猪肉粒75克，红椒丁、绍酒、蚝油各20克，葱姜末10克，精盐1克，白糖2克，油500克。

【制法】

1. 豆腐切花瓣片，撒盐，下八成热油锅炸黄捞出。

2. 锅留油，下肉粒炒熟，加余下全部原料炒熟，浇在摆盘的豆腐上即成。

【提示】 豆腐要用大火炸。

莲花豆腐

【原料】 豆腐泥200克，猪肉末、鸭肉末、蚬子肉末各50克，鸡蛋清1个，葱姜末、绍酒、料油、葱姜汁各10克，精盐3克。

【制法】

1. 豆腐泥加葱姜汁、蛋清及料油、盐各半搅匀。分成两份，一半放在小碟内。

2. 余下全部原料拌匀，放在小碟的豆腐泥上。

3. 盖上余下豆腐泥抹平，中心点缀豌豆，蒸熟即成。

【提示】 豆腐泥不要抹得太厚。

黄金豆腐箱

【原料】 豆腐块100克，里脊肉丁50克，青红椒丁25克，绍酒、葱姜末各5克，油500克，精盐1.5克。

【制法】

1. 豆腐块下七成热油锅炸金黄捞出，挖成豆腐箱。

2. 锅留油15克，下肉丁及余下全部原料烧熟出锅。

3. 装在豆腐箱内，入锅蒸透即成。

【提示】 豆腐要大火炸，大火蒸。

八宝豆腐鸭

【原料】 豆腐泥200克，熟海参丁、烤鸭肉丁、虾肉丁、五花肉丁、笋丁、胡萝卜丁、豌豆、熏干丁各25克，葱姜末、葱姜汁各15克，醪糟汁、生粉、绍酒、鸡汁各10克，鸡汤25克，精盐3克。

【制法】

1. 豆腐泥加精盐、鸡汤各半及葱姜汁、生粉搅匀。

2. 余下全部原料拌匀成馅，放在盘中。

3. 上面盖上豆腐泥，点缀成鸭子形状，蒸熟即成。

【提示】 原料丁均要提前制熟。用胡萝卜、干豆腐做点缀。

心形香菇豆腐

【原料】 豆腐300克，水发香菇75克，黄鱼肉末、猪肉末各50克，面粉30克，绍酒、蚝油、酱油各15克，葱姜蒜末、湿淀粉各5克，精盐3克，汤300克，油500克。

【制法】

1. 豆腐刻心形沾匀面粉，下七成热油锅炸黄捞出。

2. 黄鱼肉末、猪肉末拌绍酒、葱姜蒜末及盐1克，汤25克。

3. 豆腐在一侧划开，填入馅料。锅加汤及全部原料（不含淀粉）烧透，勾薄芡，装盘即成。

【提示】 豆腐切厚片，用模具压出心形。

酿 茄 墩

【原料】 去皮茄段150克，猪肉末、鲶鱼肉各75克，葱姜米、绍酒各15克，蚝油、香油各10克，淀粉3克，精盐2克，五香粉、胡椒粉各0.5克，鸡汤50克，枸杞子少许。

【制法】

1. 全部原料（不含茄子、淀粉、汤及盐1克）搅匀。

2. 肉馅酿入茄子段中,点缀枸杞子,蒸熟取出。

3. 鸡汤加盐烧开，用湿淀粉勾芡，浇在茄子上即成。

【提示】 茄子中间要挖空，外壁薄厚均匀。

锦 馅 盒

【原料】 豆腐1块，牛肉末、茄子丁各50克，火腿粒、虾皮各10克，鸡蛋1个，葱姜蒜米、绍酒、蚝油各15克，酱油、料油各10克，湿淀粉5克，鸡汤75克，油600克。

【制法】

1. 豆腐用模具压出心形，下七成热油锅炸黄捞出。

2. 豆腐挖空中心。余下原料（不含蚝油、汤、淀粉）调匀。装在豆腐盒内，蒸透取出。

3. 锅加汤、蚝油烧开，用淀粉勾芡，浇在豆腐盒上即成。

【提示】 豆腐用大火蒸透，芡汁要稀稠适度。

炸茄盒

【原料】 长茄子150克，猪肉末、虾肉末各50克，鸡蛋1个，湿淀粉30克，面粉20克，葱蒜米、绍酒各15克，酱油、香油各10克，精盐2克，五香粉0.5克，油600克。

【制法】

1. 鸡蛋、湿淀粉、面粉及油10克、盐1克调成糊。

2. 茄子切夹刀片。余下全部原料调匀，酿入茄夹内。

3. 茄夹挂匀蛋粉糊，下五成热油锅炸透，捞出即成。

【提示】 茄盒挂糊要匀。

煎酿茄花

【原料】 茄子300克，猪肉末、鱼肉末各60克，鸡蛋黄1个，葱蒜末、汤各20克，绍酒、酱油各10克，白糖、精盐各2克，油15克。

【制法】

1. 茄子切两半，在光面切出三条凹槽，再切段。

2. 余下全部原料（不含油）搅匀，酿在茄子凹槽里。

3. 平锅加油，摆上茄段煎熟，出锅即成。

【提示】 茄段要先煎酿肉的一面。

茄汁菊花茄子

【原料】 长茄子200克，生粉35克，油500克，精盐1.5克，番茄汁35克，白糖25克，醋15克。

【制法】

1. 茄子去皮切成段，交叉剞上直刀。撒上盐略腌。

2. 撒匀生粉，下八成热油锅炸酥脆，捞出装盘。

3. 锅加油15克及余下全部原料炒开，用生粉勾芡，浇在茄子上即成。

【提示】 茄子用大火炸两次，使之外焦里嫩。

酱香菊花茄子

【原料】 茄子200克，黄豆酱30克，鸡蛋1个，青红椒丁各25克，葱花、姜末各10克，汤35克，鲍鱼汁、白糖各5克，油15克。

【制法】

1. 茄子去皮切粗丝，摆成菊花状蒸熟取出。

2. 锅加油、鸡蛋液炒散，加黄豆酱及余下全部原料炒熟，浇在茄子上即成。

【提示】 茄子条要粗细均匀。大火蒸制。

口蘑酿肉

【原料】 鲜口蘑150克，猪肉粒125克，荸荠粒25克，葱姜米、绍酒、蚝油、酱油各15克，白糖、淀粉各3克，精盐2克，味精1克，汤75克。

【制法】

1. 口蘑8个表面打上花刀，余下口蘑切成粒。

2. 全部原料（不含蚝油、淀粉及汤50克）摔打上劲，做成肉馅。

3. 肉馅挤成丸子装盘，上面放口蘑蒸熟取出。余下调料炒开，浇在丸子上即成。

【提示】 肉要切成米粒状，充分摔打上劲。

玉兔归巢

【原料】 黑豆苗150克，白卤鹌鹑蛋8个，海苔、白糖各3克，精盐1.5克，味精0.5克，花椒油10克。

【制法】

1. 黑豆苗下沸水锅焯熟捞出，用全部调料拌匀装盘。

2. 卤鹌鹑蛋用海苔点缀成小兔状，放在豆苗中间即成。

【提示】 焯豆苗时水中最好加少许盐及油。鹌鹑蛋小火卤入味。

苦瓜酿肉

【原料】 苦瓜150克，猪肉末100克，碎干贝25克，葱姜米、绍酒、酱油各15克，白糖3克，精盐1克，五香粉0.5克。

【制法】

1. 苦瓜切成段去瓤。余下全部原料搅上劲，作为肉馅。

2. 肉馅酿在苦瓜内，入锅蒸熟即可。

【提示】 猪肉要选瘦的，不要切得太细。

鲍菇酿肉

【原料】 杏鲍菇150克，牛肉末100克，虾肉粒50克，葱姜末、绍酒、酱油、鸡油各15克，生粉3克，精盐1克，五香粉、胡椒粉各0.5克，汤25克。

【制法】

1. 杏鲍菇切成片。余下全部原料搅上劲挤成丸子。

2. 放在每片杏鲍菇上，每两片杏鲍菇摞在一起，入锅蒸熟即可。

【提示】 肉不要切得太细。

菊花杏鲍菇

【原料】 杏鲍菇200克，鸡汤、生粉各35克，葱姜汁、鲍鱼汁、酱油各10克，精盐1克，白糖5克，油500克。

【制法】

1. 杏鲍菇切段，交叉剞上直刀，撒匀生粉。

2. 下八成热油锅炸酥脆，捞出装盘。

3. 锅加油15克及余下全部原料炒开，用生粉勾芡，浇上即成。

【提示】 生粉要先用水调稀再勾芡。

黄瓜拌金针菇

【原料】 黄瓜丝150克，金针菇100克，酱油、香油、蒜泥、柠檬汁各10克，精盐2克，白糖3克。

【制法】

1. 金针菇下沸水锅焯透捞出投凉。

2. 全部原料拌匀，装盘成葫芦状即成。

【提示】 金针菇投凉后要挤净水分。

鸡蓉酿猴头

【原料】 水发猴头菇125克，鸡肉蓉150克，枸杞子5克，绿菜叶、鸡油各10克，鸡蛋清1个，葱姜汁、绍酒各20克，白糖、精盐各3克，味精1克，湿淀粉5克，汤50克。

【制法】

1. 猴头菇焯烫后片成片，拌葱姜汁10克、精盐0.5克。

2. 鸡蓉加蛋清、葱姜汁及绍酒10克、盐1克搅匀。

3. 鸡蓉抹在猴头菇上，用枸杞子、将菜叶点缀成花状，蒸熟取出。

4. 锅加汤及剩余全部调料炒开，浇鸡蓉猴头上即成。

【提示】 上汽入锅，大火蒸约6分钟。

金钱酿肉

【原料】 胡萝卜3段，鸽肉粒50克，荸荠粒、葱姜末、绍酒、酱油各5克，精盐1.5克，五香粉0.5克，油10克。

【制法】

1. 胡萝卜段挖空中心，焯烫捞出。

2. 全部原料搅拌上劲，酿入胡萝卜内，入锅蒸熟即可。

【提示】 胡萝卜焯烫时要加盐及油。

酿南瓜花

【原料】 南瓜花100克，猪肉末100克，海参末、蟹肉粒各50克，葱姜末、绍酒、酱油、料油各15克，淀粉5克，精盐2克，五香粉、胡椒粉各0.5克，鸡汤100克。

【制法】

1. 原料（不含南瓜花、淀粉及汤75克、盐1克）搅匀成馅。

2. 肉馅酿入南瓜花中，入锅蒸熟取出。

3. 鸡汤加盐烧开，用淀粉勾芡，浇在南瓜花上即可。

【提示】 南瓜花要去花蕊，用淡盐水泡洗干净。

鲜花盛开

【原料】 小西红柿4个，白糖20克。

【制法】

1. 一个西红柿顶部交叉剞上三刀成荷花状。

2. 余下的西红柿一切两半，从两侧向中间切刀，两面各剞上三刀，推成花状装盘，撒上白糖即成。

【提示】 两面剞刀的刀距要均匀。

肉丸兰花笋

【原料】 冬笋200克，鸡肉末、虾肉末各75克，肥膘肉末20克，汤150克，葱姜汁、葱姜末、绍酒各15克，生粉、精盐各3克。

【制法】

1. 三种肉末加葱姜末及绍酒10克、盐1克、汤25克搅匀。

2. 冬笋尖剞多十字花刀，焯透捞出立在盘内。

3. 肉馅挤成丸子放在冬笋上，蒸熟取出。锅加汤及余下全部原料炒开，浇在肉丸笋上即成。

【提示】 冬笋要选粗细均匀的尖端部分。

肉丁南瓜泥

【原料】 熟南瓜泥100克，猪肉丁50克，青红彩椒丁20克，汤25克，油20克，葱花、蒜丁、绍酒、蚝油各10克，生粉、姜末、精盐各2克。

【制法】

1. 锅加油10克，下南瓜泥及精盐1克炒匀装盘。

2. 锅加油、肉丁及余下全部原料炒熟出锅，浇在南瓜泥上即成。

【提示】 南瓜泥小火炒。装盘时呈心形。

秋葵拌板筋

【原料】 秋葵150克，熟板筋100克，烤鸡翅2个，精盐2克，味精1克，蒜泥、香油、花椒油、油各10克。

【制法】

1. 秋葵切段，同板筋焯透捞出，加全部调料拌匀。

2. 秋葵板筋装盘，配烤鸡翅即成。

【提示】 焯秋葵时水中最好加盐及油。

宝 葫 芦

【原料】 虾仁、胡萝卜各100克，鸡蛋1个，葱姜汁、绍酒、瑶柱汁、香油、生粉各5克，精盐1克。

【制法】

1. 虾仁、胡萝卜制碎，加余下全部原料搅匀。

2. 虾泥成葫芦状抹在盘内，入锅蒸熟即成。

【提示】 虾泥、胡萝卜不能制成稀糊。

菠萝肉

【原料】 猪夹心肉150克，菠萝块75克，生粉60克，湿淀粉、橙汁各25克，白糖35克，米醋、料酒各20克，蒜末10克，精盐2克，汤75克，油750克。

【制法】

1. 猪肉切小块，拌匀精盐1克、料酒10克及湿淀粉。

2. 肉放干淀粉上粘匀，捏成圆球，下五成热油锅炸焦倒出。

3. 锅留油，下蒜末、菠萝及全部调料炒开，下肉翻匀装盘即成。

【提示】 要炸两遍，使之外焦里嫩。复炸时油温要七成热。

锦馅鸭

【原料】 胡萝卜泥100克，虾仁蓉、鸭肉粒、香菇粒、芹菜粒各50克，鸡蛋1个，绍酒、油各15克，生抽、生粉、葱蒜末、鸡油各5克，精盐2克。

【制法】

1. 锅加油、葱蒜末、鸭肉、香菇、芹菜、生抽，炒熟装盘。

2. 虾蓉、胡萝卜泥及余下全部原料搅匀。

3. 盖在菜上成鸭子型，入锅蒸熟即成。

【提示】 鸭肉等切成黄豆粒大小的丁。

三鲜土豆泥

【原料】 熟土豆泥200克，鸡肉粒、猪肉粒、鱼肉粒各30克，葱姜末、绍酒、蚝油、酱油、黄油、油各15克，湿淀粉5克，鸡汤50克，精盐1.5克。

【制法】

1. 土豆泥加黄油、盐炒透。

2. 锅加油及三种肉粒炒熟。下全部调料（不含汤、蚝油、淀粉）炒匀装盘。

3. 土豆泥盖在上面成动物图案。余下原料炒开，浇上即成。

【提示】 土豆泥小火炒透。防止煳锅。

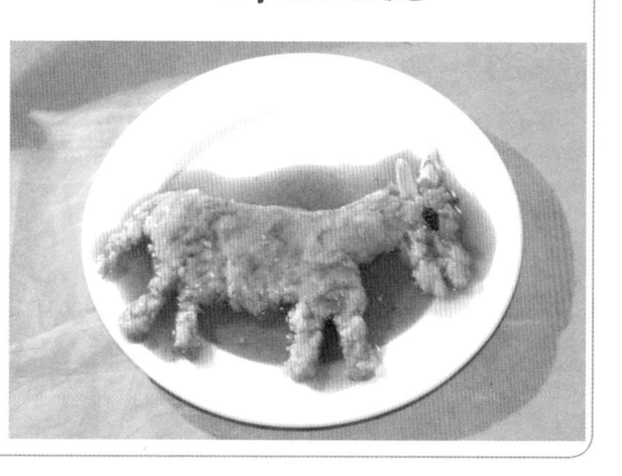

土豆拌牛肉

【原料】 牛肉粒75克，熟土豆泥100克，鸡蛋液半个，海苔2片，葱花、绍酒、油、酱油各15克，香油、生粉各5克。

【制法】

1. 肉粒拌入绍酒、酱油、生粉，同油下锅炒熟。

2. 下入余下的全部原料（除海苔）炒透，用模具压型，放上海苔片点缀即成。

【提示】 海苔片最好提前略烤至酥脆。

肉香甘蓝花

【原料】 甘蓝丝150克，猪肉丁75克，胡萝卜丁、油菜、卤香菇30克，绍酒、生抽各15克，葱姜末10克，精盐1克，生粉、白糖各2克，油500克。

【制法】

1. 甘蓝、油菜焯烫捞出。肉丁用生粉拌匀。

2. 锅留油，下肉丁炒熟，加剩余全部原料炒熟。

3. 浇在甘蓝上。用油菜、卤香菇点缀成花状即成。

【提示】 焯甘蓝、油菜时水中最好加一点盐和油。

鲜花肉饼

【原料】 猪肉末100克，虾仁粒25克，豌豆粒20克，鸡汤75克，葱姜汁、鸡汁、酱油、蚝油、香油各10克，精盐1克，枸杞子、生粉、白糖各3克，花椒粉0.5克。

【制法】

1. 全部原料（不含50克鸡汤、蚝油、生粉）搅匀。

2. 成花状摊在盘内，点缀豌豆、枸杞，蒸熟取出。

3. 锅加汤、蚝油烧开，用生粉勾芡，浇在肉饼上即成。

【提示】 用焯烫过的芦笋做花梗。

莲蓬鸡

【原料】 鸡肉泥150克，绿蔬菜汁、豌豆粒各50克，熟海参丁、鲍鱼丁、羊肉丁、豆干丁、芹菜粒各25克，碎干贝、绍酒、葱姜汁、葱姜末各15克，白糖、精盐各3克，猪油10克。

【制法】

1. 肉泥加绍酒、葱姜汁、蔬菜汁及猪油、盐各半搅匀。余下全部原料拌匀。

2. 鸡肉泥抹在小碟内放上馅料。

3. 盖上余下鸡泥，点缀豌豆粒成莲蓬，蒸熟即成。

【提示】 全部原料不含豌豆粒。小碟内要抹上油。

沙司鸡排

【原料】 鸡腿肉200克，番茄沙司50克，土豆片、洋葱丝各75克，方腿丝10克，柠檬汁、黄酒、橄榄油各15克，精盐3克，味精、胡椒粉各1克。

【制法】

1. 锅加油10克，下土豆片煎黄，下洋葱丝、方腿丝及盐1克、胡椒粉0.5克、黄酒10克炒熟摆盘。

2. 肉片厚片，轻剞花刀，拌全部原料(不含沙司)。

3. 放预热的烤盘内，用180℃烤10分钟装盘，拉上番茄沙司即成。

【提示】 鸡肉入味的时间要长一点。

莲花酥鱼

【原料】 鱼蓉175克，酱肉粒、胡萝卜粒、芹菜粒、生粉各50克，肥肉蓉25克，鸡蛋清1个，葱姜末、绍酒、料油、葱姜汁各15克，精盐3克，油500克。

【制法】

1. 鱼蓉、肉蓉拌葱姜汁、绍酒、蛋清及盐1.5克。

2. 余下全部原料（不含生粉、油）拌匀成馅。汤匙抹油。

3. 鱼蓉抹在汤匙内，中间放馅料，上边抹鱼蓉蒸熟。

4. 鱼糕粘匀生粉，下八成热油锅炸黄捞出摆盘即成。

【提示】 蒸好的鱼糕呈荷花瓣状。莲心用小碟装鱼蓉。

三味葡萄鱼

【原料】 净鳜鱼肉、草鱼肉、黑鱼肉各125克，鸡蛋液1个，番茄酱、浓缩橙汁、绍酒、葱姜汁、汤各30克，精盐3克，白糖、生粉各50克，醋15克，老抽5克，蒸鱼豉油10克，油750克。

【制法】

1. 三种鱼肉交叉剞直刀，用绍酒、葱姜汁、盐入味。

2. 挂匀蛋液，粘匀生粉，下八成热油锅炸透捞出。

3. 橙汁、白糖25克炒浓浇在一份鱼上。番茄酱、白糖25克、醋炒浓浇在另一份鱼上。余下的调料炒匀浇在最后一份鱼上即成。

【提示】 根据汁的浓稠度可用调稀的生粉勾一点芡。

熘鱼虾丸

【原料】 净鳜鱼蓉、虾肉蓉各150克，肥膘肉蓉、油菜心各50克，鸡蛋清2个，生粉15克，湿淀粉10克，绍酒、葱姜汁、花椒水各30克，精盐3.5克，味精2克，汤150克。

【制法】

1. 鱼蓉、虾蓉分别加入肥肉蓉各25克、蛋清1个、绍酒、葱姜汁、花椒水各10克、精盐1克、味精0.5克、汤25克、生粉10克搅匀上劲。

2. 鱼茸、虾蓉分别挤成丸子下冷水锅烧开氽熟捞出。

3. 锅加汤、菜心及余下全部调料炒开，勾芡，下双丸翻匀装盘即成。

【提示】 鱼丸、虾丸要小火氽熟。

三彩鱼丁

【原料】 净黑鱼肉丁200克，胡萝卜丁、木耳丁、青笋丁各25克，蛋清1个，葱姜汁、绍酒各10克，精盐3克，味精、胡椒粉各1克，葱姜蒜末、生粉、湿淀粉各5克，汤75克，油300克。

【制法】

1. 鱼丁拌匀绍酒、葱姜汁、蛋清、生粉及盐1克。

2. 鱼丁下四成热油锅挑散，下三种配料丁略烫倒出。

3. 锅留油10克，下汤及余下全部调料炒开，下鱼丁等翻匀装盘即成。

【提示】 鱼丁上浆时可加一点油。芡汁要稠稀适中。

金鱼戏珠

【原料】 鳗鱼肉蓉200克，肥膘蓉25克，胡萝卜125克，鸡蛋清1个，熟鹌鹑蛋8枚，绍酒、葱姜汁各20克，湿淀粉10克，精盐、瑶柱汁各3克，清汤100克。

【制法】

1. 鱼肉、肥膘肉蓉用绍酒、葱姜汁、精盐、鸡蛋清搅匀，鱼蓉分别抹在汤匙内。

2. 加入鹌鹑蛋、胡萝卜制成金鱼状，入蒸锅蒸熟取出，去掉汤匙摆盘。

3. 勺加清汤、瑶柱汁，用湿淀粉勾芡，浇在金鱼上即成。

【提示】 用大火蒸5～8分钟刚熟即可，不能过火。

一虾两吃

【原料】 虾仁200克，猪肉末、鱼肉末、蟹肉粒、面粉各25克，面包糠100克，鸡蛋1个，蛋清半个，葱姜汁、绍酒各20克，白糖、精盐、湿淀粉各3克，油500克，鸡汤50克。

【制法】

1. 虾仁背部片开，拌绍酒、葱姜汁各10克，盐1.5克。

2. 三种肉加葱姜汁、绍酒、蛋清及盐0.5克搅匀，抹小碟内，放上一个虾仁蒸熟。

3. 余下的虾仁粘匀面粉、鸡蛋液、面包糠，下五成热油锅炸熟装盘。蒸虾围在四周。

4. 鸡汤及余下调料炒开，浇在蒸虾上即成。

【提示】 蒸的虾仁要刀口朝上镶在肉馅上。

贝 壳 酥

【原料】 鲜贝肉蓉150克，鲜贝肉粒、猪肉粒、虾肉粒、生粉各50克，青红甜椒粒、肥肉蓉各25克，鸡蛋清1个，葱姜末、绍酒、料油、葱姜汁各15克，精盐3克，油500克。

【制法】

1. 贝肉、肥肉蓉拌葱姜汁、绍酒、蛋清及盐1.5克。

2. 余下全部原料（不含生粉、油）拌匀。

3. 肉蓉抹在模具内，中间放馅，盖上肉蓉蒸熟取出。

4. 蒸好的贝肉糕粘匀生粉，下八成热油锅炸酥装盘即成。

【提示】 贝壳模具内先抹油。贝肉蓉要抹匀包匀馅。

紫菜豆腐鱼卷

【原料】 干豆腐300克，紫菜3张，鱼茸200克，肥膘肉粒、面糊、汤各50克，鸡蛋清1个，白糖、料酒各20克，葱姜末、料油、香油各10克，精盐、鸡粉各3克。

【制法】

1. 鱼茸、肥肉加汤及全部调料（不含白糖、香油）搅匀作为肉茸。

2. 豆腐铺平，抹上面糊及一层肉茸，铺上紫菜，再抹上肉茸，卷成卷，用面糊封口蒸熟。

3. 豆腐卷放入撒白糖的熏锅内，盖严，烧冒黄烟离火焖3分钟取出，刷香油，切片装盘。

【提示】 豆腐卷要尽量卷紧。最好用纱布包紧再蒸。

芙蓉莲花

【原料】 鸡蛋2个，豆腐泥75克，洋葱片50克,绿菜汁、鸡肉末、海参末各25克,豌豆、绍酒、葱姜末、葱姜汁各15克，汤100克，精盐3克。

【制法】

1. 豆腐加半个蛋清、葱姜汁、菜汁及盐1克搅匀。

2. 肉末、海参用料油、葱姜末及盐1克炒熟。

3. 豆腐泥包上海参馅放小碟内，点缀豌豆蒸熟。

4. 鸡蛋液加余下调料搅散，中间放上莲蓬豆腐，周围放洋葱片蒸熟即成。

【提示】 绿菜汁要浓一些。洋葱要刻成荷花瓣状。

熊猫豆腐

【原料】 豆腐泥200克，酱牛肉片、五花肉丁、鳜鱼肉丁、虾肉丁各50克，芦笋丁、嫩玉米粒、煨香菇条各25克，葱姜末、葱姜汁、油、醪糟汁、生粉、绍酒、鸡汁各10克，鸡汤25克，生粉、精盐各3克。

【制法】

1. 豆腐加盐1.5克及汤、葱姜汁、生粉搅匀。

2. 锅加油及全部原料（不含牛肉、香菇）炒熟装盘。

3. 上面盖上豆腐泥，用牛肉、香菇点缀成熊猫状，蒸熟即成。

【提示】 原料切小丁。最好用鸡汤炒开，用淀粉勾芡浇上。

二、饺子、锅贴类

果香水饺

【原料】 面粉200克，杧果泥100克，鹿肉末200克，杧果粒50克，葱姜末、绍酒、酱油、鸡油各15克，精盐2克，味精、五香粉各1克，汤25克。

【制法】

1. 面粉加杧果泥和成面团。肉末加余下全部原料搅匀。

2. 面团搓成条揪成剂子，擀成圆皮，包入馅成饺子。

3. 下沸水锅煮熟，捞出即成。

【提示】 肉末加全部调料搅匀后再加杧果粒。

紫薯蒸饺

【原料】 紫薯面团500克，羊肉末、鱼肉末各150克，扁豆末100克，葱末、绍酒、鸡油各20克，汤50克，精盐3克，酱油10克，味精1.5克，五香粉、胡椒粉各0.5克。

【制法】

1. 两种肉末加全部调料搅匀，加扁豆末拌匀。

2. 面团搓成条揪成剂子，擀成圆皮，包入馅。

3. 捏成月牙饺子摆在蒸帘上，入沸水锅蒸熟即成。

【提示】 蒸熟的紫薯泥同烫面团一起揉匀成面团。

四色蒸饺

【原料】 饺子皮500克，鹿肉末400克，胡萝卜粒、木耳粒、芹菜粒、黄甜椒粒、末各50克，生抽、鸡油、葱姜末各15克，精盐2克，五香粉1克。

【制法】

1. 肉末拌全部调料。面皮放上馅，收口对捏两次，呈四个洞口。

2. 洞口放上四种原料粒，入锅蒸熟即成。

【提示】 四种原料粒最好分别用精盐入味。

海三鲜饺

【原料】 紫甘蓝面团500克，偏口鱼肉末、海蟹肉粒、扇贝肉粒各150克，葱姜末、绍酒、鸡油各15克，精盐3克。

【制法】

1. 全部原料拌匀。面团制成皮，对折呈三角形。

2. 翻过来放上馅，将三个角提起捏严，蒸熟即成。

【提示】 面粉要先烫三分之一再和紫甘蓝汁成面团。

驴肉花饺

【原料】 烫面团500克，驴肉末350克，韭菜末100克，鸡油、绍酒、酱油、鸡汤各15克，精盐2克，味精1克。

【制法】

1. 全部原料拌成馅。面团制成圆皮，包入馅。

2. 捏成多角露馅的饺子，入锅蒸熟即成。

【提示】 面粉要先烫一半再和成面团。

鸳鸯盒饺

【原料】 番茄汁面团、芹菜面团各200克，调好的鲅鱼肉韭菜馅200克，羊肉香葱馅200克。

【制法】

1. 面团制成皮，绿皮包羊肉馅，红皮包鱼肉馅。

2. 两种饺子相对，捏上花边，入锅蒸熟即成。

【提示】 绿菜汁要浓一点，颜色才能更鲜艳。

凤眼蒸饺

【原料】 饺子皮500克，鱼肉蓉200克，虾仁100克，韭黄50克，鱼肉粒、蛋黄糕粒各25克，绍酒、猪油15克，精盐2克，胡椒粉1.5克。

【制法】

1. 全部原料(不含鱼肉粒、蛋黄糕)拌匀成馅。

2. 面皮放上馅，对折捏实，两头向中间推。

3. 两边捏牢，洞孔放入鱼肉、蛋黄糕入笼蒸熟即成。

【提示】 面粉用开水烫搅成面团，凉透制成饺子皮。

花篮筐饺

【原料】 饺子皮500克，鱼肉蓉400克，酱牛肉末、蛋皮末各25克，葱姜末、绍酒、香油各10克，精盐2克，味精1克。

【制法】

1. 鱼蓉加全部调料搅匀。饺子皮放上馅，中间捏严。

2. 两边呈洞状，分别放入蛋皮末、牛肉末，蒸熟即成。

【提示】 鸳鸯饺两个洞孔的大小要一致。

金元宝饺

【原料】 胡萝卜面团500克，鲍鱼末300克，鱼翅、海参末各50克，葱姜末、猪油各10克，瑶柱汁5克，精盐2克。

【制法】

1. 全部原料拌匀成馅。面团制成饺子皮，放上馅。

2. 包成饺子，两个角相对捏紧，入锅蒸熟即成。

【提示】 面粉先用沸胡萝卜汁烫三分之一，再和成团。

翡翠花饺

【原料】 西兰花汁面团500克，鳜鱼蓉350克，芦笋末100克，枸杞粒15克，瑶柱汁、香油各15克，精盐2克。

【制法】

1. 鱼蓉、芦笋及全部调料拌匀。面团制成皮。

2. 放上馅收口捏成花状，入锅蒸熟即成。

【提示】 面粉烫三分之一，再用西兰花汁揉成面团。

刺猬鱼饺

【原料】 半烫面饺子皮500克，鲅鱼肉末400克，韭菜末75克，绍酒、香油各15克，瑶柱汁5克，精盐2克，花椒少许。

【制法】

1. 鱼肉末用全部调料搅匀，再拌入韭菜。

2. 皮包入馅，收口面朝下，捏成刺猬形状。

3. 用剪刀剪出刺猬刺，花椒点成眼睛，蒸熟即成。

【提示】 面皮不能过薄。

树叶蒸饺

【原料】 面粉500克，菠菜汁、牛肉末各300克，韭菜末200克，料酒、酱油、葱、姜末、油、鸡汤各15克，精盐2克。

【制法】

1. 肉末加全部调料搅匀，加入韭菜。

2. 面粉、菜汁和成面团，揪成剂子，擀成圆皮。

3. 包入馅，掐成柳叶花纹，入锅蒸熟即成。

【提示】 面团要饧透。韭菜要先拌入油。

三色水饺

【原料】 蔬菜汁面团、可可粉面团、南瓜面团各150克，猪肉荠菜馅，虾仁油菜馅、鸡肉香菇馅各125克。

【制法】

1. 三种面团分别搓成条，揪成小剂子，擀成皮。

2. 南瓜面皮包鸡肉香菇馅，可可粉面皮包虾仁油菜馅，蔬菜面皮包猪肉荠菜馅。

3. 三种馅的饺子一起下沸水锅煮熟，捞出即成。

【提示】 面团的颜色和馅料可根据现有的原料自行调整。

驴肉炸饺

【原料】 面粉200克，菠菜汁100克，驴肉末150克，葱末、汤各50克，姜末、绍酒、料油、酱油各15克，精盐、味精各2克，五香粉1克，油750克。

【制法】

1. 菜汁加入面粉内和成面团，略饧。

2. 肉末内加全部原料（不含油）搅匀。

3. 面团搓成条，揪成剂子擀成皮，抹馅包成饺子。

4. 边沿锁上绳子花边，下入五成热油锅炸熟，捞出即成。

【提示】 要用中小火炸制，以免外煳内生。

玛瑙三棱饺

【原料】 面粉500克，红果汁200克，牛肉馅350克，洋葱100克，姜末、油各10克，绍酒30克，瑶柱汁5克，精盐2克。

【制法】

1. 肉馅拌入全部调料。果汁烧开加面粉和成面团。

2. 制成圆皮包入馅，三面向上折三角形，蒸熟即成。

【提示】 要先用调料拌牛肉馅后加洋葱。

紫色开花饺

【原料】 紫薯面团500克，鳜鱼肉末300克，黄焖鱼翅100克，葱、姜汁、绍酒各15克，精盐1克，猪油15克。

【制法】

1. 鱼肉、鱼翅拌全部调料。面团制成皮，放上馅。

2. 收口将面皮边缘捏成五个花瓣，入笼蒸熟即成。

【提示】 面粉用沸水烫一半，加水及薯泥揉成面团。

胡萝卜蒸饺

【原料】 面粉500克，胡萝卜汁、羊肉末各300克，洋葱末75克，酱油、绍酒、油、汤各15克，鸡汁5克，精盐1克，香菜根适量。

【制法】

1. 肉末拌入全部调料及洋葱。面加胡萝卜汁和成团。

2. 制成面皮放上馅，加入香菜根制成胡萝卜状蒸熟即成。

【提示】 面粉最好先用沸萝卜汁烫二分之一。

海鲜金鱼饺

【原料】 紫番茄面团600克，虾仁粒、鲈鱼肉蓉各200克，鲜贝肉粒100克，绍酒、葱、姜末、鸡油各15克，精盐2克。

【制法】

1. 虾仁粒、鲈鱼、肉蓉、肉粒、鲜贝全部调料搅匀。面团制成圆皮，放上馅。

2. 一头捏出两个角，向上卷起捏严，尾处捏两个小角。

3. 中间捏花边成金鱼状，蒸熟即成。

【提示】 面粉最好烫三分之一，再用蕃茄汁和成面团。

水晶金鱼饺

【原料】 澄面125克，糯米面25克，猪肉末、蟹肉末各50克，葱姜末、绍酒、料油、油各15克，酱油10克，精盐2克。

【制法】

1. 澄面、糯米面用沸水烫搅，加油揉至光滑。

2. 锅加料油，肉末及余下全部原料炒熟出锅。

3. 面团揪成剂子，擀成圆饼，包入馅，成饺子状金鱼，蒸5分钟即成。

【提示】 包成月牙饺子状，尾部剪成鱼尾状。

双色鸳鸯饺

【原料】 紫甘蓝面团、胡萝卜面团各200克，鱼肉蓉、虾肉粒各100克，韭菜末、西兰花末各50克，精盐2克，绍酒、鸡油、香油各10克。

【制法】

1. 虾粒拌入盐1克及鸡油、韭菜。余下原料拌匀。

2. 两种面团制成皮，分别包入馅成饺子。

3. 两种饺子相对，四角捏严，入锅蒸熟即成。

【提示】 两种面团都要先烫一半，再和成面团。

多彩蔬菜饺

【原料】 胡萝卜面团500克，泡粉丝粒、甘蓝末、香菇末、西兰花末、洋葱末各75克，红甜椒末、虾皮（小海米）25克，瑶柱汁、香油各10克，精盐2克。

【制法】

1. 全部原料拌匀。面团制成圆薄皮，放上馅。

2. 收口捏成五条花边，入锅蒸熟即成。

【提示】 将胡萝卜汁烧沸和成面团。

海鲜方蒸饺

【原料】 饺子皮500克，虾肉粒350克，扇贝肉蓉100克，韭菜、姜末各25克，鸡汤、绍酒、猪油10克，精盐2克。

【制法】

1. 全部原料拌匀成馅。饺子皮放上馅中间捏严。

2. 两边向中间捏严，入锅蒸熟即成。

【提示】 用旺火足汽蒸10分钟。

四花灌汤饺

【原料】 面粉450克，黑米面75克，鸭肉末350克，牛奶200克，皮冻末100克，蛋黄糕、蛋白糕、黄瓜、红椒粒各50克，葱姜末10克，绍酒、生抽、料油各15克，精盐2克，胡椒粉1克。

【制法】

1. 鸭肉加调料搅匀后加皮冻拌匀。

2. 两种面加沸奶和成面团，制成圆皮，放上馅，对捏成四角形。

3. 余下原料填入四个角，蒸熟即成。

【提示】 饺子皮的中心要擀制的稍厚一些。

大虾翡翠饺

【原料】 菠菜面团600克，留尾大虾仁、净海参粒、鳜鱼肉茸各200克，绍酒、葱姜末、生抽、猪油各15克，精盐3克。

【制法】

1. 全部原料拌成馅。

2. 面团制成圆皮，放上馅、虾，尾留在外，包捏严，入锅蒸熟即成。

【提示】 面粉用沸菠菜汁烫三分之一后和成面团。

鲜虾水晶饺

【原料】 面粉、生粉各 300 克，虾仁粒 400 克，黄鱼蓉、韭菜末 50 克，湿淀粉、瑶柱汁、精盐各 3 克，葱姜汁、绍酒、香油各 15 克。

【制法】

1. 全部原料拌匀。

2. 生粉用开水烫 1/3 成糊状加面粉揉成面团，制成圆皮，放上馅捏严，入笼蒸熟即成。

【提示】 韭菜末最好先用香油拌匀。

黄金肉菇饺

【原料】 玉米面 350 克，面粉 200 克，鸡蛋黄 3 个，鸡汤 50 克，鸡肉末 300 克，香菇末 200 克，葱、姜末、干贝丝、生抽、香油各 15 克，精盐、味精各 1 克。

【制法】

1. 玉米面用沸水搅烫，加面粉、蛋黄和成面团。

2. 余下全部原料拌成馅。

3. 面团制成圆皮放入馅包捏成三角形，入锅蒸熟即成。

【提示】 面团要饧透。

海参甘蓝饺

【原料】 紫甘蓝面团 500 克，净海参粒、猪肉末各 150 克，紫甘蓝末、葱末各 50 克，姜末、绍酒、鸡油各 20 克，精盐、鸡精各 2 克，胡椒粉 1 克，汤 30 克。

【制法】

1. 海参、猪肉末加余下全部原料搅匀成馅。

2. 面团搓成条，揪成剂子擀成圆皮，放馅包成饺子。

3. 下沸水锅煮开，中间点两次凉水，熟透捞出即成。

【提示】 紫甘蓝打成汁和面，甘蓝末拌馅。

红油野菜饺

【原料】 可可粉面团 300 克，猪肉末 200 克，马齿苋、苋菜末各 50 克，汤 30 克，绍酒、酱油、香油 15 克，精盐 2 克，味精 1 克，红油汁（辣椒油 20 克，蒜末、酱油、香菜末各 15 克）。

【制法】

1. 肉末加全部原料（不含红油汁）搅匀。

2. 面团搓成条，揪成剂子擀成皮，包入馅捏成饺子。

3. 下沸水锅煮熟捞出，配红油汁上桌即成。

【提示】 马齿苋、苋菜焯烫后挤净水切碎。

鸽肉香菇饺

【原料】 紫甘蓝面团 200 克，鸽肉末 100 克，猪肉末、香菇末各 50 克，葱姜末、绍酒、酱油、香油各 15 克，精盐 1.5 克，胡椒粉 0.5 克，油 750 克。

【制法】

1. 鸽肉末、猪肉末、香菇末及全部调料搅匀成馅。

2. 面团搓成条，揪成剂子擀成皮，放馅包成饺子，边沿锁上绳子花边。

3. 下五成热油锅炸熟，捞出即成。

【提示】 紫甘蓝打成汁过滤后再和面。

金瓜香鲜饺

【原料】 南瓜面团 500 克，鹅肉末 200 克，虾肉粒、南瓜末各 100 克，葱姜末、绍酒、蚝油、香油各 15 克，精盐、鸡精各 2 克，味精 1.5 克，汤 50 克。

【制法】

1. 鹅肉、虾肉加全部调料搅上劲，加南瓜末拌匀。

2. 面团搓成条揪成剂子，擀成薄皮，放馅包成饺子。

3. 下入沸水锅煮熟，捞出即成。

【提示】 南瓜蒸熟压成泥，加入面粉中和成面团，最好加一个鸡蛋。

黑色养生饺

【原料】 面粉450克，黑米面50克，黑豆浆200克，乌鸡肉末200克，海参末、黑松露末各100克，葱姜末、蚝油、绍酒、香油各20克，精盐、味精各2克，汤30克。

【制法】

1. 面粉、黑米面、黑豆浆和成面团饧透。

2. 全部原料搅匀上劲。

3. 面团搓成条揪成剂子，擀成圆皮，包馅捏成饺子，下沸水锅煮熟，捞出即成。

【提示】 和面时可以加一个蛋清。

玉米元宝饺

【原料】 高筋面粉400克，细玉米面100克，浓缩玉米汁200克，猪肉末275克，熟嫩玉米粒150克，葱末50克，姜末、绍酒各20克，精盐、鸡精各3克，味精、五香粉1克，肉汤50克。

【制法】

1. 面粉、玉米面、玉米汁和成面团，略饧。

2. 肉末加全部原料拌匀成馅。面团搓成长条。

3. 揪成剂子，擀成圆薄片，放上馅，捏成饺子，再将两个角捏在一起呈元宝状，下沸水锅烧开煮熟捞出即熟。

【提示】 最好用粘黄玉米打的汁和面。

可可花边饺

【原料】 面粉300克，可可粉5克，酱猪肉末300克，大葱末75克，香油10克，精盐1克。

【制法】

1. 面粉加可可粉和成面团饧透。

2. 葱末、精盐、香油、酱肉拌匀。

3. 面团搓成条，揪成剂子擀成皮，包入馅捏成饺子，锁上花边，下沸水锅煮熟捞出即成。

【提示】 酱肉不要加过多的调味料。

鸟蒸饺

【原料】 半烫面团500克，羊肉馅300克，鲈鱼肉末150克，鸡汤50克，葱、姜末、绍酒、香油各20克，瑶柱汁5克，精盐2克。

【制法】

1. 羊、鱼肉馅加全部调料拌匀。

2. 面团制成圆皮，放上馅，一条直线捏成鸟翅膀，余下两个角，捏成鸟尾，鸟头，花椒点缀成眼睛，蒸熟即成。

【提示】 边要捏匀。

双蔬蟹肉蒸饺

【原料】 面粉450克，熟紫薯泥、紫甘蓝汁各100克，蟹肉、蟹黄500克，青椒粒、胡萝卜粒各75克，葱姜末、绍酒各20克，精盐2克，油25克。

【制法】

1. 锅加油、蟹肉、蟹黄及全部调料炒熟。

2. 面粉用沸水烫一半，加甘蓝汁及紫薯泥和成面团。

3. 揪成剂子，擀成圆皮，放上馅，折捏成五个花瓣，再分别放上胡萝卜粒、青椒粒，入锅蒸熟即成。

【提示】 胡萝卜、青椒粒最好用盐入味。

蓝莓菠菜虾饺

【原料】 面粉300克，鲜蓝莓汁150克，虾肉蓉200克，菠菜末（先焯后切）100克，蛋清2个，绍酒、葱末各20克，料油15克，湿淀粉6克，精盐2克。

【制法】

1. 面粉加蛋清1个及蓝莓汁和成面团。

2. 虾蓉加全部原料搅匀。

3. 面团搓成条揪成剂子，擀成皮，包馅捏成饺子，下沸水锅煮熟，捞出即成。

【提示】 虾蓉加全部原料搅上劲后再加菠菜。

红苋菜猪肉饺

【原料】 面粉、红苋菜各400克，猪肉末200克，葱姜末、黄酒、酱油、香油各20克，精盐、鸡精、味精各2克，五香粉1克。

【制法】

1. 苋菜快速焯烫后打成汁过滤，用菜汁和成面团。

2. 肉末加全部原料搅匀成馅。

3. 面团搓成条揪成剂子，擀成饺子皮，放上馅捏成水饺，下沸水锅煮熟，捞出即成。

【提示】 颜色不够可以加一些红果汁。肉馅内加一些苋菜末。

鲜美鱼汤饺

【原料】 白面团200克，猪肉末、鱼肉末各75克，韭菜末50克，绍酒、姜末、香油、酱油各10克，精盐3克，味精1克，熬鱼奶汤200克。

【制法】

1. 肉末拌绍酒、酱油、香油、姜末、韭菜及盐1克。

2. 面团揪成剂子擀成皮，加馅包成饺子，煮熟捞入汤碗内。

3. 奶汤加余下调料烧开浇在饺子碗中即成。

【提示】 用鲫鱼或鱼头、鱼骨加水大火熬制成奶白色鱼汤，熬制时不能加盐。

牛肉盒子饺

【原料】 面粉400克，牛肉末250克，香菜末150克，可可粉6克，葱姜末、绍酒、蚝油、油各20克，精盐2克，汤50克。

【制法】

1. 面粉分两份，一份加可可粉，一份不加，分别和成面团。

2. 肉末加全部调料搅上劲，加香菜末拌匀成馅。

3. 面团分别搓成条，揪成剂子擀成皮，取一张白面皮放上馅，盖上另一种面皮，捏严边，捏上绳子花边，成盒子状。

4. 盒子饺下沸水锅煮熟，捞出即成。

【提示】 两种面团要软硬一致。

高汤盒子饺

【原料】 白面团、可可粉面团各100克，沙丁鱼蓉150克，韭菜末50克，绍酒、蚝油、姜末、香油、酱油各10克，精盐3克，味精1克，高汤200克。

【制法】

1. 鱼蓉加绍酒、蚝油、香油、姜末及盐1克拌匀，再加入韭菜末拌匀成馅。

2. 面团分别揪成剂子擀成皮，取一张白面皮放馅，盖上另一种面皮，捏严边成盒子状。

3. 盒子煮熟捞入碗中，高汤加余下调料烧开浇在碗中即成。

【提示】 韭菜末要在包饺子之前放入，防止出水。

可可鱼肉锅贴

【原料】 可可粉面团400克，鳜鱼肉末150克，猪肉末、韭菜末各75克，汤30克，绍酒、葱姜末、鸡油各20克，精盐3克，味精1克，油15克，水100克。

【制法】

1. 全部原料（不含油）搅匀成馅。

2. 面团搓成条，揪成剂子擀成圆皮，放馅面皮对折，中间捏严，两边留口成锅贴。

3. 锅加油，摆入锅贴，煎至定型，加约100克水，加盖中小火煎熟即成。

【提示】 面粉300克加5克可可粉和成可可粉面团。

紫薯三鲜锅贴

【原料】 紫薯面团200克，鸡肉、龙虾肉、黄鱼肉末各75克，油菜末25克，绍酒、葱姜末、鸡油各15克，汤、油各25克，精盐2克，味精1克，水100克。

【制法】

1. 全部原料（不含面团、油）搅匀成馅。

2. 面团搓成条揪成剂子，擀成圆皮，放上馅。面皮对折中间捏严，两边留口成锅贴。

3. 平锅加油，摆入锅贴，再淋上适量油及清水约100克，加盖烙熟出锅即成。

【提示】 熟紫薯泥加面粉及紫甘蓝汁揉成面团。

黄金三鲜锅贴

【原料】 高筋面粉200克，玉米面、黄玉米汁各100克，鸡蛋1个，虾肉粒200克，鸡肉末150克，肥膘肉末、汤各50克，青椒末75克，葱姜末、绍酒、香油、油各20克，生粉、精盐各3克，水适量。

【制法】

1. 玉米面用沸水烫搅，加蛋黄、面粉、玉米汁揉成团。

2. 余下全部原料（不加油）搅匀成馅。

3. 面团搓成条，揪成剂子，擀成饺子皮，放馅对折，中间捏上，两边留口成锅贴。

4. 锅加油，摆入锅贴，煎制定型，加适量水，加盖煎熟即成。

【提示】 虾仁先加调料及生粉抓打上劲，再拌其他原料。

水晶黑锅烙

【原料】 紫玉米面、高筋面粉各150克，黑香米面50克，羊肉末、鱼肉末、韭菜各100克，虾皮、绍酒、酱油各15克，精盐2克，味精1克，汤、油各50克，稀面糊25克、水适量。

【制法】

1. 玉米面用沸水烫搅，加面粉、香米面、水和成面团。

2. 肉末加全部原料（不含面糊及30克油）搅匀上劲。

3. 面团搓成条，揪成剂子擀成皮，放上馅，捏成饺子。

4. 锅加油，摆入饺子煎定型，加水100克，加盖略煎，倒面糊煎熟，扣在盘内即成。

【提示】 面糊不能太稠。要中小火煎。

翡翠鳗鱼锅贴

【原料】 绿蔬菜汁面团200克，鳗鱼肉蓉150克，肥肉蓉30克，蛋清1个，葱姜汁、绍酒、香油、油各20克，精盐2克，味精1克，湿淀粉5克。

【制法】

1. 鱼肉蓉加全部原料（不含油）搅匀上劲。

2. 面团揪成剂子，擀成皮包入馅，面皮对折，中间捏严，两边留口成锅贴。

3. 平锅加油摆上锅贴，上面淋上适量油及清水加盖，用中小火烙熟即成。

【提示】 烙约5分钟左右开盖滴入几滴油，再闷一会儿即可。

三、包子、馒头、花卷类

鲜花包

【原料】 面粉500克，杧果泥、西瓜泥各125克，红豆馅350克，白糖30克，泡打粉10克，酵母粉8克，温水适量。

【制法】

1. 面粉分两份，分别加泡打粉各半、杧果泥、西瓜泥。

2. 酵母、白糖加温水50克调化，分别倒在面内和成面团。

3. 分别揪成剂子擀成圆饼，两种饼叠在一起，放上红豆馅收口捏成五个花瓣状，蒸熟即成。

【提示】 包好后最好放在上汽的蒸锅内略饧至膨大。

风车包

【原料】 面粉300克，鱼肉粒150克，熟笋末50克，肥肉粒25克，葱姜末、绍酒、香油各15克，精盐、鸡精各2克，泡打粉6克，酵母粉3克，温水适量。

【制法】

1. 面粉、泡打粉、酵母拌匀，加温水和成面团。

2. 鱼肉、肥肉及余下全部原料调匀。

3. 面团揉匀搓成条，揪成剂子，按扁包入馅，收口成五角形，入锅蒸熟即成。

【提示】 鱼肉切成米粒状。

石榴包

【原料】 面粉200克，糯米面100克，红菜头泥30克，净菠萝、木瓜、猕猴桃、香蕉、苹果丁各50克，沙拉酱30克，橙汁10克，热水适量。

【制法】

1. 菜头泥加热水调出红汁，倒在两种面内和成面团。

2. 面团蒸熟揪成剂子。余下全部原料拌匀成水果馅。

3. 面剂按扁，包入馅料成石榴状蒸熟即成。

【提示】 水果要切成小丁。

五味花包

【原料】 发面团 300 克，红豆馅、紫薯泥、牛肉馅、猪肉芹菜馅、鱼肉馅各 75 克。

【制法】

1. 面团搓成条，揪成剂子按扁，分别包入馅，收口成椭圆形。

2. 每五个摆在一起成花状，入锅蒸熟即成。

【提示】 馅料的调制可根据孩子的喜好。

双色花包

【原料】 紫薯澄面团、豆沙馅各 200 克，蔬菜澄面团 150 克。

【制法】

1. 两种面团放蒸锅蒸熟取出，分别揪成剂子按扁。

2. 绿面剂揪包上豆沙馅，再包上紫薯面，收口捏出 5 个角。

3. 用剪子将每个角剪一下，错开即成。

【提示】 羊肉馅炒熟后先加调料后加香菜末(根据个人喜好，可将豆沙馅中加入糖)。

三鲜南瓜包

【原料】 糯米粉 300 克，面粉 150 克，熟南瓜泥 200 克，沙丁鱼蓉、猪五花肉末、蟹肉各 100 克，葱末 50 克，绿茶面团、绍酒、汤各 20 克，精盐 3 克。

【制法】

1. 南瓜泥同两种粉和成面团，揪成剂子。

2. 余下原料（不含绿茶面团）拌成馅，用面剂包入馅。

3. 制成南瓜状，用绿面做蒂，入锅蒸熟即成。

【提示】 面皮不要过薄。

杧果紫薯包

【原料】 糯米粉、紫薯泥各 300 克，面粉 150 克，杧果泥 200 克，绿面团、蜂蜜各 25 克。

【制法】

1. 薯泥拌入蜂蜜。

2. 杧果泥同两种面和成面团，蒸熟取出揪成剂子，包入薯泥馅料。

3. 制成南瓜状，用绿面团做蒂，蒸 5 分钟即成。

【提示】 面团用保鲜膜包上蒸熟。

三鲜刺猬包

【原料】 面粉 500 克，鸡肉、虾肉、羊肉末各 100 克，葱末、汤各 50 克，姜末 25 克，绍酒、香油各 15 克，精盐、鸡精各 2 克，泡打粉 10 克，酵母粉 5 克，温水、花椒粒适量。

【制法】

1. 面粉、泡打粉、酵母拌匀，加温水和成面团。

2. 余下全部原料调匀成馅。

3. 面团搓成条，揪成剂子按扁，包入馅收口朝下成椭圆形，剪成刺猬状，用花椒粒点缀成眼睛，入锅蒸熟即成。

【提示】 面皮要略厚一点。

豆馅荷花包

【原料】 面粉 500 克，杧果泥 125 克，西瓜汁 125 克，红豆馅 225 克，糖玫瑰、黑芝麻粉各 15 克，白糖 35 克，泡打粉 12 克，酵母粉 10 克。

【制法】

1. 面粉分两份，分别加杧果泥、西瓜汁，再加入白糖、泡打粉、酵母各半和成面团。

2. 豆馅加芝麻粉、糖玫瑰拌匀，分成等份。

3. 面团分别揪成剂子按扁，用黄色面剂包上豆馅，再用红色面剂包严，收口朝下，顶部剞上三刀，蒸熟即成。

【提示】 做好后放在热水锅内饧发 5 ~ 10 分钟再蒸。

茄子包

【原料】 澄面 150 克，紫薯泥 75 克，绿茶面团 50 克，猪肉末、茄子末各 100 克，葱蒜末、香油、汤各 20 克，油 15 克，绍酒、酱油各 10 克，精盐 1.5 克。

【制法】

1. 澄面用开水烫搅，加油、紫薯泥揉匀揉透。

2. 锅加香油、肉末炒熟，加茄子末及余下调料炒熟出锅。

3. 面团揪成剂子，包入馅，捏成茄子状，用绿茶面团点缀茄蒂，入锅蒸透即成。

【提示】 取一点白色澄面团加一点绿茶粉揉匀即成绿茶面团。

煎馒头

【原料】 馒头 2 片，鸡蛋 1 个，蛋黄 1 个，白糖、核桃粉、松仁粉各 5 克，黄油、面粉各 15 克。

【制法】

1. 全部原料（不含馒头、鸡蛋、油）一起调匀成糊。

2. 锅加油，馒头片挂匀糊下锅，两面煎黄取出装盘。

3. 鸡蛋打在心形模具内煎熟取出，放在馒头片上即成。

【提示】 煎荷包蛋时，锅底撒少许盐，既入味又不粘锅。

带馅荷花馒头

【原料】 面粉 500 克，紫甘蓝汁 125 克，虾肉馅 200 克，白糖 35 克，泡打粉 12 克，酵母粉 10 克，牛奶 200 克。

【制法】

1. 面分两份。加泡打粉、酵母各半拌匀。

2. 白糖加温牛奶调化。倒入一份面内合成面团。另一份加甘蓝汁和成面团，饧至发起。

3. 面团揪成剂子按扁，甘蓝面剂包上虾肉馅，再包上白面剂收口朝下，顶部剞三刀，蒸熟即成。

【提示】 做好的馒头放在热水锅内饧发 5～10 分钟再蒸。

三色开花馒头

【原料】 发面团、绿蔬菜发面团、紫甘蓝发面团各 200 克。

【制法】

1. 面团分别揪成剂子按扁，绿面团包上紫面团。

2. 外面包上白面团收口朝下，顶部交叉剞上两刀，蒸熟即成。

【提示】 三种面团软硬度要一致，要揉匀饧透。

蝴蝶花卷

【原料】 绿蔬菜发面团、紫甘蓝发面团各 200 克，精盐 2 克，五香粉 1 克，香料油 20 克。

【制法】

1. 两种面团分别擀成大片，紫面片上刷油，撒盐、五香粉，放上绿面片卷成卷，切成条，每两条相对，用筷子在中间夹一下成蝴蝶形状，蒸熟即成。

【提示】 面团和好后和蒸之前分别要饧约 10 分钟。

菊 花 卷

【原料】 面粉 200 克，杧果泥 100 克，白糖 25 克，泡打粉 5 克，酵母粉 2 克，油 20 克。

【制法】

1. 全部原料（不含油）和成面团，饧发 10 分钟。

2. 面团擀成大片，刷上油卷成卷，切成 1 厘米宽的条。每两份一组，将两侧切开，中间用筷子夹实，成菊花状，蒸熟即成。

【提示】 面团和好后和蒸之前分别要饧约 10 分钟。

鲜花卷

【原料】 面粉500克，草莓泥75克，蜜枣100克，白糖25克，泡打粉10克，酵母粉5克。

【制法】

1. 面粉350克加泡打粉6克、酵母粉3克及温糖水和成面团。

2. 余下面粉加余下全部原料（不含枣）和成面团。白面团揪成略大的剂子搓成手镯状的圈。草莓面团揪成小剂子，包入蜜枣，放在面圈内侧的两端，每三个面圈为一组，中间连在一起呈花状，蒸熟即成。

【提示】 面团和好后和蒸之前分别要饧约10分钟。

双面花卷

【原料】 面粉500克，荞麦面100克，白糖、油各20克，泡打粉12克，酵母粉10克，精盐2克，五香粉1克。

【制法】

1.300克面粉加白糖及泡打粉、酵母粉各半，水和成面团。

2. 余下面粉、荞麦面加余下全部原料和成面团饧发。

3. 面团分别擀成大片，叠在一起卷成卷切成段，蒸熟即成。

【提示】 两种面团要软硬一致。

鸡肉花卷

【原料】 面粉200克，西红柿泥、鸡肉馅各100克，白糖10克，泡打粉5克，酵母粉3克，水适量。

【制法】

1. 白糖、酵母及25克温水调化。倒在面粉、泡打粉、西红柿泥内和成面团，饧10分钟。

2. 面团揉匀，搓成细长条，在盘内盘成花状，空心处填上鸡肉馅，放蒸锅蒸熟即成。

【提示】 鸡肉馅用葱姜末、绍酒、盐等调味。

三色花卷

【原料】 白面发面团、南瓜泥发面团、草莓泥发面团各 200 克。

【制法】

1. 红色面团搓成长条，黄色、白色面团擀成长条片。

2. 黄色面包红色面，白色面包黄色面成棍状，切成小段，每五个组合在一起，整理成花状，蒸熟即成。

【提示】 和面按 500 克面粉约 10 克泡打粉、6 克酵母粉的比例。

牛肉面卷

【原料】 面粉、牛肉末各 200 克，芹菜段 50 克，葱姜末、绍酒、蚝油、香油各 15 克，汤 25 克，酱油、白糖各 10 克，泡打粉 5 克，酵母 2 克，五香粉、胡椒粉各 0.5 克，水适量。

【制法】

1. 面粉、泡打粉拌匀，加调化的酵母、白糖、水和成面团。

2. 肉馅加全部调料调匀。

3. 面团揪成剂子，擀成长条片，抹上肉馅，放一段芹菜卷成卷，入蒸锅蒸熟即成。

【提示】 调酵母的水温约 30℃即可。

螃蟹花卷

【原料】 面粉 200 克，荞麦面 50 克，白糖 30 克，可可粉 5 克，泡打粉 5 克，酵母粉 2 克，温水、熟红小豆适量。

【制法】

1. 白糖、酵母粉加温水调化，倒在拌匀的余下全部原料内和成面团饧发。

2. 面团揪成剂子，取一个剂子擀成片，余下的搓成条。

3. 取四条放在面片上对折包上，用熟红小豆点缀成眼睛，成螃蟹状。第一条面的两头用筷子压一下成蟹钳，蒸熟即成。

【提示】 面团和好后和蒸之前分别要饧约 10 分钟。

双味花卷

【原料】 面粉600克，南瓜泥、紫薯泥各200克，百合粉、白糖各50克，酵母粉、泡打粉各6克。

【制法】

1. 薯泥拌面粉300克及酵母粉、泡打粉、白糖各半和成面团。

2. 余下全部原料和成面团。分别揪成剂子。

3. 搓成条缠在一起，卷成花卷蒸熟即成。

【提示】 做好的花卷最好放蒸锅饧制发起。

太阳花卷

【原料】 面粉600克，杧果泥、西红柿泥各125克，白糖35克，泡打粉12克，酵母粉10克，温水适量。

【制法】

1. 面粉分三份。分别加三分之一泡打粉拌匀。

2. 杧果泥，西红柿泥分别放两份面内。酵母、白糖加温水150克调化，分别倒在三份面内和成面团饧发。

3. 面团揉匀，分别揪成剂子，西红柿面剂包白面剂，再包上杧果面剂，收口朝下按扁，擀成圆饼，用刀切上1厘米宽的条，刀口面朝上，蒸熟即成。

【提示】 包面剂时要尽量薄厚一致。擀饼时不要太薄。

白　鸽

【原料】 澄面200克，鸽肉末100克，熟笋末25克，葱姜末、绍酒、蚝油、料油各10克，精盐、鸡精各1.5克，猪油25克，水、花椒粒适量。

【制法】

1. 澄面用沸水烫搅，加猪油15克揉光滑。

2. 锅加猪油、鸽肉及余下全部原料炒熟出锅。

3. 面团揪成剂子，包入馅，捏成白鸽状。

4. 用可可粉面团作嘴，花椒粒点缀眼睛，蒸5分钟即成。

【提示】 澄面团加一点可可粉揉匀即可。

白 鹅

【原料】 澄面200克，鹅肉末100克，葱末25克，姜末、绍酒、香油各10克，精盐、鸡精各1.5克，猪油25克，胡萝卜、黑芝麻适量。

【制法】

1. 澄面用沸水烫搅，加猪油15克揉至光滑。

2. 锅加香油、猪油、鹅肉及全部调料炒熟出锅。

3. 面团揪成剂子，包入馅捏成白鹅状。

4. 用胡萝卜、黑芝麻点缀，蒸5分钟即成。

【提示】 面板和手要抹上油。

黄 金 鱼

【原料】 澄面200克，胡萝卜汁100克，鳜鱼肉粒100克，胡萝卜末50克，葱姜末、绍酒、料油、油各15克，鲍鱼汁10克，盐2克。

【制法】

1. 澄面用烧沸的胡萝卜汁烫搅，加油揉至光滑。

2. 锅加料油及余下全部原料炒熟出锅。

3. 面团揪成剂子，擀成圆饼，包入馅，捏成金鱼状，入锅蒸透即成。

【提示】 用白面团、红椒粒做鱼眼睛。用红面团点缀鱼嘴。

小 熊 猫

【原料】 白色澄面团200克，鸡肉末100克，冬笋末50克，紫菜、葱姜末、绍酒、蚝油、油各15克，精盐1.5克。

【制法】

1. 锅加油，鸡肉及余下全部原料（不含面团、紫菜）炒熟出锅。

2. 面团揪成剂子按扁，包入馅，捏成熊猫状，紫菜点缀，蒸5分钟即成。

【提示】 用紫菜剪成熊猫的四肢及眼睛等。

金羽鸡

【原料】 白色澄面团、黄色澄面团，红色澄面团各100克，鸡肉末150克，蟹黄50克，葱姜末、绍酒、料油、油各15克，精盐2克，花椒粒适量。

【制法】

1. 锅加料油、肉末、蟹黄及全部调料炒熟出锅。

2. 白面团分等份按扁，包馅成捏成公鸡状。

3. 用黄色面团作羽毛，用红色面团作鸡冠子，蒸5分钟即成。

【提示】 用水果汁或蔬菜汁烫面均可。用花椒粒点缀成眼睛。

狮头鹅

【原料】 白色澄面团150克，胡萝卜面团、鹅肉末、鱼肉末各75克，葱姜末、绍酒、生抽、香油各15克，精盐1.5克，味精1克。

【制法】

1. 锅加油、鹅肉、鱼肉及全部调料炒熟出锅。

2. 面团揪成剂子按扁，包入馅，收口捏成鹅状。

3. 用胡萝卜面团作鹅头，入锅蒸透即成。

【提示】 胡萝卜汁烧开烫搅澄面，成胡萝卜面团。

澄面玉兔

【原料】 澄面150克，糯米面25克，熟兔肉末100克，香菜末30克，葱姜末、绍酒、鸡油各15克、精盐、鸡精各1.5克，胡椒粉0.5克，猪油20克。

【制法】

1. 澄面、糯米面拌匀，用沸水烫搅，加猪油揉匀。

2. 兔肉末加余下全部原料搅匀。

3. 面团搓成条揪成剂子，包入馅料捏成兔子状，入锅蒸5分钟即成。

【提示】 用红甜椒点缀眼睛。

金葫芦

【原料】 澄面200克，黄彩椒汁75克，虾仁粒、鸽肉末各75克，葱姜末、绍酒、鸡油、黄油各15克，瑶柱汁10克，精盐2克。

【制法】

1. 黄彩椒汁烧开，倒澄面内烫搅，加黄油揉至光滑。

2. 锅加鸡油、鸽肉、虾仁及全部调料炒熟出锅。

3. 面团揪成剂子，包入馅，捏成葫芦状，入锅蒸透即成。

【提示】 面团要软硬适中。

山楂果

【原料】 澄面200克，红苋菜汁75克，鲜山楂末、葡萄干末、果脯末各50克，白糖45克，绿澄面团50克，油15克。

【制法】

1. 苋菜汁加白糖20克烧开，倒澄面内烫搅，加油揉匀、制成叶和蒂。

2. 全部原料（留绿面团）拌成馅。

3. 面团揪成剂子，包馅成山楂状，入锅蒸透即成。

【提示】 中大火蒸透即可。

金玉米

【原料】 澄面200克，玉米汁、绿茶面团各100克，鸡肉末、熟嫩玉米粒各75克，葱姜末、绍酒、油各15克，精盐2克，味精1克。

【制法】

1. 澄面用烧沸的玉米汁烫搅，加油揉匀揉透。

2. 鸡肉加全部原料（除绿面团）拌匀。

3. 面团揪成剂子按扁，包馅成玉米穗状，用筷子压出玉米粒状。用绿面团做苞米叶，入锅蒸透即成。

【提示】 蒸的时间不要过长。

大脸猫

【原料】 紫薯澄面团150克，绿澄面团、白面团、黄面团各50克，熟鲜虾馅50克，叉烧肉馅、熟鸡肉馅各25克。

【制法】

1. 紫薯面分成剂子，包入虾肉馅做成猫头、猫腿。

2. 绿面团包入叉烧肉馅做猫的肚子。黄面团包入鸡肉馅成元宝状。

3. 白面团做点缀，全部面团组合成大脸猫，入锅蒸透即成。

【提示】 馅料要包严，用花椒粒点缀成眼睛。

胡萝卜

【原料】 澄面、胡萝卜、牛肉末各200克，绿面团50克，葱姜末、绍酒、油各15克，瑶柱汁10克，汤50克。

【制法】

1. 胡萝卜切块打成汁，过滤后将汁烧开倒澄面内，加油揉光滑。

2. 肉末加全部调料及胡萝卜末调匀。

3. 面团揪成剂子，包馅料，搓成胡萝卜形状。

4. 用绿面团点缀成萝卜缨，入蒸锅蒸熟即成。

【提示】 大火蒸透即可。

黄甜椒

【原料】 澄面200克，黄彩椒汁100克，绿色熟面团50克，大樱桃肉、杨桃、荔枝肉、火龙果肉、菠萝肉丁、炼乳各25克，猪油15克。

【制法】

1. 澄面用沸彩椒汁烫搅，加猪油揉至光滑蒸熟。

2. 全部原料丁加炼乳拌匀。面团分成等分按扁。

3. 包馅捏成黄彩椒状，用绿色熟面团点缀辣椒蒂蒸熟即成。

【提示】 水果肉一定要充分处理干净，切丁。

双色辣椒

【原料】 绿茶澄面团150克，红果汁澄面团100克，酱牛肉大葱馅、熟蟹肉蟹黄馅各75克。

【制法】

1. 面团分别揪成剂子，红面剂包入牛肉大葱馅包严。

2. 绿面剂包入蟹肉馅成绿辣椒，用绿面团制成辣椒蒂，所有面剂蒸约5分钟即成。

【提示】 绿面团用绿茶粉和面。红面团用红果汁烫面。

红灯笼椒

【原料】 澄面200克，红彩椒3个，白糖25克，绿澄面团50克，枣泥馅175克，油15克。

【制法】

1. 红椒打成汁过滤，将汁加白糖烧开。

2. 倒澄面内烫搅，加油揉至光滑，饧30分钟。

3. 面团揪成剂子，包入馅，成灯笼椒状，绿、澄面团做成辣椒蒂。入锅蒸透即成。

【提示】 蒸的时间不要过长，蒸透即可。

翠绿扁豆

【原料】 澄面200克，绿蔬菜汁75克，枣泥馅100克，白糖25克，油15克。

【制法】

1. 菜汁加白糖烧开，倒澄面内烫搅，加油揉匀。

2. 澄面入蒸锅蒸熟取出，揪成剂子，包枣泥馅。

3. 捏成扁豆状，用筷子压出扁豆粒即成。

【提示】 面团蒸制时用保鲜膜包上。

马奶葡萄

【原料】 澄面150克，绿葡萄汁、绿蔬菜汁共75克，葡萄干、红枣各50克，白糖、熟面粉各25克，糖粉25克，猪油20克。

【制法】

1. 澄面用烧沸的蔬菜汁、葡萄汁烫搅，加猪油揉匀。

2. 葡萄干、红枣切碎加余下全部原料搓成馅。

3. 面团揪小剂子，包馅料揉成葡萄粒状，摆盘呈葡萄串，入锅蒸5分钟即成。

【提示】 澄面一定要用沸水边烫边搅，要软硬适中。

澄面足球

【原料】 白色澄面团200克，果脯馅125克，海苔片20克。

【制法】

1. 面团蒸熟，揪成剂子按扁，包果脯馅捏成圆球状。

2. 海苔剪成六角状，点缀在圆球上即成。

【提示】 澄面用沸水烫搅后加油揉匀，再蒸熟。

紫薯葡萄

【原料】 澄面150克，紫薯泥100克，黑芝麻粉、核桃粉、腰果粉、白糖、炼乳各25克，猪油、油各15克。

【制法】

1. 澄面用沸水烫搅，加猪油揉光滑，加紫薯泥揉匀。

2. 余下全部原料拌匀成馅，分成小份。面团揪小剂子。

3. 包馅料揉成椭圆形葡萄粒状，摆盘呈葡萄串，入锅蒸5分钟即成。

【提示】 面板、手、盘子要抹上油。

白 玉 花

【原料】 白色澄面团 200 克，羊肉末 125 克，洋葱末 50 克，葱姜末、绍酒、生抽、香油各 15 克，精盐 1.5 克，味精 1 克，油 克。

【制法】

1. 锅加油，羊肉末及全部原料炒熟（除面团）出锅。

2. 面团揪成剂子按扁，包馅收口捏成 5 个花瓣状，蒸透即成。

【提示】 羊肉炒透即可，大火蒸约 5 分钟即可。

糯米鲜花

【原料】 糯米面 150 克，面粉、白糖、红苋菜汁、黄水果汁各 50 克，绿茶粉 2 克。

【制法】

1. 糯米面加面粉、白糖拌匀，分成三份。

2. 分别用红汁、黄汁、绿茶粉和成面团，蒸熟取出。

3. 面团揪成小剂子，分别捏成花瓣和树干、树叶，拼凑即成。

【提示】 面要和的柔软一些。

三色川椒

【原料】 红、黄、绿三色澄面团各 100 克，红豆馅、绿豆馅、果脯馅各 50 克。

【制法】

1. 面团分别揪成剂子，分别包入三种馅成小川椒状。

2. 用绿面团制成辣椒蒂装盒即成。

【提示】 三种面团要先蒸熟，直接包馅即可。

四、糕、饼、面条类

心心相印

【原料】 豌豆500克，白糖150克。

【制法】

1. 豌豆泡透去皮磨成浆，倒入锅烧开炒浓。

2. 加白糖倒容器内冷却，用模具出心形即成。

【提示】 炒浓前最好用细萝过滤成细泥。可灵活掌握甜度。

绿豆松糕

【原料】 绿豆泥、面粉各100克，大米粉200克，芝麻粉、冰糖粉各25克。

【制法】

1. 全部原料放一起搓成湿粉状。

2. 装入模具，入锅蒸熟，取出即成。

【提示】 要松散，不能成团。

绿豆发糕

【原料】 绿豆、面粉各150克，大米粉100克，白糖20克，泡打粉5克。

【制法】

1. 绿豆煮熟制成泥，加余下全部原料调成稠糊。

2. 入锅蒸熟，取出切块即成。

【提示】 要用大火蒸制。

红枣松糕

【原料】 面粉200克，红枣丁、南瓜粒、百合粉各50克，冰糖粉35克，水适量。

【制法】

1．南瓜粒加余下全部原料及少量水搓成湿粉状。

2．装入容器，入锅蒸熟，取出即成。

【提示】 水要少加，搓好的粉不能成团，要松散。

五粉松糕

【原料】 低筋面粉150克，紫玉米面、百合粉、莲子粉、绿豆粉各50克，白糖35克，水适量。

【制法】

1．用全部原料及少量水搓成湿粉状。

2．装入模具内抹平，入锅蒸熟，取出即成。

【提示】 搓好的粉不能成团，最好用箩过细。

红豆松糕

【原料】 面粉、大米粉、红豆泥各100克，核桃粉、冰糖粉各20克。

【制法】

1．全部原料放一起搓成湿粉状。

2．装入模具抹平，入锅蒸熟，取出即成。

【提示】 搓好的粉不能成团。

果味发糕

【原料】 面粉、椰奶各200克，葡萄干、莲子粉各40克，哈密瓜、冰糖粉、油各25克，泡打粉6克。

【制法】

1. 葡萄干、哈密瓜切碎，加余下全部原料调成糊状。

2. 装入模具，入锅蒸熟，取出即成。

【提示】 模具内要先抹上油，防止粘连。

哈密瓜凉糕

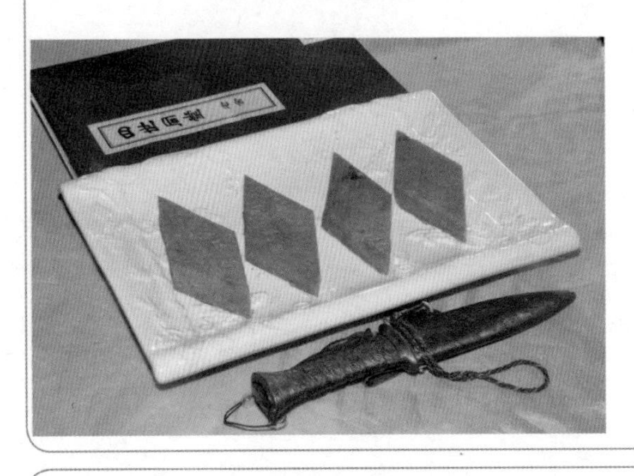

【原料】 哈密瓜150克，糯米粉、绿豆粉各75克，椰汁200克，冰糖粉30克。

【制法】

1. 哈密瓜压成泥，同余下全部原料搅成糊。

2. 入锅蒸熟取出，切成菱形块即成。

【提示】 原料要充分搅拌匀。

双味糯米糕

【原料】 糯米粉200克，面粉100克，绿茶粉10克，紫菜头汁50克。

【制法】

1. 两种粉，分别用绿茶粉、紫菜头汁和成面团。

2. 入锅蒸熟取出，分别擀成大片两种面片叠在一起卷成卷，切成段即成。

【提示】 面剂的软硬度要一致。喜欢甜的可以加糖。

玉米百合糕

【原料】 紫玉米面、百合粉各100克，糯米面、红小豆各50克，椰汁150克，冰糖25克，泡打粉5克。

【制法】

1. 红小豆加水、冰糖煮熟，同余下全部原料搅成糊。

2. 倒模具内，入锅蒸熟，取出即成。

【提示】 红豆要煮至软烂。

雨花石糯米糕

【原料】 熟糯米粉150克，南瓜泥100克，红豆馅150克，面粉、绿菜汁面团各50克。

【制法】

1. 南瓜泥加糯米粉、面粉和成面团，同绿菜汁面团一起蒸熟。

2. 放凉后分别揪成剂子，两种面剂揉在一起，包豆馅成雨花石状即成。

【提示】 面剂的软硬度要一致。手和案板均要抹油。

绿 茶 饼

【原料】 糯米粉150克，面粉50克，绿茶粉5克，枣泥馅200克，黑芝麻粉、核桃粉各15克。

【制法】

1. 糯米粉、面粉、绿茶粉和成面团。余下原料拌匀成馅。

2. 面团揪成剂子，包入馅放模具内按实，扣出蒸熟即成。

【提示】 面皮要薄厚均匀。入沸水锅蒸5分钟即成。

紫薯饼

【原料】 澄面150克，紫薯泥75克，绿豆沙馅200克，油15克。

【制法】

1. 澄面用开水烫搅，加油、紫薯泥揉匀揉透。

2. 面团揪成剂子，包馅收口，放月饼模具内压实。

3. 磕出，放微波炉内，2分钟即成。

【提示】 放微波炉要加盖。

小鸡蒸饼

【原料】 面粉100克，羊肉末75克，葱姜末、绍酒、酱油各15克，白糖5克，五香粉、发酵粉各1克，泡打粉2克，温水适量。

【制法】

1. 面粉、白糖、泡打粉、发酵粉加温水和成面团发酵。

2. 羊肉末加全部调料调匀，做成小鸡状，放在发好的面饼上，入锅蒸熟即成。

【提示】 用胡萝卜、紫薯泥点缀成鸡腿、眼睛、嘴和羽毛。

肉花蒸饼

【原料】 面粉100克，猪瘦肉末75克，芹菜末25克，鸡汤25克，葱姜末、蚝油、香油各10克，精盐1克，泡打粉3克，发酵粉1克，白糖5克，五香粉0.5克，温水适量。

【制法】

1. 面粉、泡打粉、发酵粉、白糖加温水和成面团。

2. 肉末加余下全部原料搅匀，做成花状，放在做好的面饼上。

3. 入锅蒸熟，取出即成。

【提示】 用百合、杏仁点缀在肉花上。

发面馅饼

【原料】 面粉100克，羊肉末75克，银鱼末、葱末各20克，虾皮15克，蚝油、香油各10克，精盐1克，泡打粉3克，发酵粉1克，白糖5克，五香粉、胡椒粉各0.5克，温水适量。

【制法】

1. 面粉、泡打粉、发酵粉、白糖加温水和成面团。

2. 肉末加余下全部原料搅匀。

3. 面团揪成2～3个剂子。按扁包入馅。放在刷油的平锅内烙熟即成。

【提示】 银鱼干洗净泡透后切碎。用海苔点缀鸡蛋制成的企鹅。

煎豆渣饼

【原料】 绿豌豆渣100克，鸡蛋1个，面粉50克，葱末、红椒末各20克，核桃粉10克，精盐2克。

【制法】

1. 全部原料一起调成糊状。

2. 平锅刷油，倒入面糊摊成饼，烙至两面金黄，出锅切块即成。

【提示】 锅薄薄的刷上一层油。小火烙制。

蛋黄玉米饼

【原料】 嫩玉米粒100克，鸡蛋黄2个，白糖、玉米粉、面粉各20克，黄油、油各10克。

【制法】

1. 锅加黄油放入模具，余下全部原料搅成糊。

2. 玉米糊倒入模具内，煎熟至两面金黄即成。

【提示】 嫩玉米粒要提前煮熟。

火腿金瓜饼

【原料】 面粉、洋葱圈各50克，鸡蛋1个，火腿丁、南瓜粒各25克，葱末15克，精盐2克。

【制法】

1. 全部原料（不含洋葱圈）加水调成糊。

2. 平锅刷油，放上洋葱圈，倒入面糊烙熟即成。

【提示】 小火烙制。面糊不要太稀。

鸡蛋蔬菜饼

【原料】 鸡蛋2个，面粉、洋葱圈各75克，韭菜末、胡萝卜末各25克，葱末、香油各10克，精盐2克。

【制法】

1. 全部原料（不含洋葱）加水调成糊。

2. 平锅刷油，放入洋葱圈，倒入面糊，烙至两面金黄即成。

【提示】 可以加入不同的蔬菜末。

肉馅糯米饼

【原料】 糯米粉100克，面粉50克，松仁粉、白芝麻粉各20克，鸡肉末、虾肉末、猪肉末各75克，葱姜末、香菜末、绍酒各20克，精盐2克，酱油、香油各10克。

【制法】

1. 四种粉和成面团揪成剂子。余下原料拌成馅。

2. 面剂包入馅放模具内按实扣出，蒸熟即成。

【提示】 面团要稍软一点。

蚝油肉丝酿饼

【原料】 烤发面饼1个，猪瘦肉丝100克，熟鹌鹑蛋3个，葱姜丝、蚝油、油各15克，绍酒、酱油各10克，生粉5克，精盐、味精各1克，汤20克、红彩椒、海苔各少许。

【制法】

1. 肉丝用绍酒及生粉3克拌匀。锅加油、肉丝炒熟。

2. 烹入用全部调料调成的汁翻匀，夹在烤饼中间、用海苔点缀成眼睛，彩椒制成嘴。

3. 放在铺有生菜的盘内，点缀用鹌鹑蛋做的小兔子即成。

【提示】 肉丝小火滑炒，烹汁后改大火。

葱花蛋奶饼

【原料】 鸡蛋1个，面粉、牛奶各50克，葱花25克，白芝麻粉15克，精盐2克。

【制法】

1. 全部原料一起调成糊状。

2. 平锅刷油，倒入蛋奶糊摊成薄饼烙熟，出锅切三角块即成。

【提示】 面糊要稠稀适中。

玉米葡萄干饼

【原料】 嫩玉米粒100克，葡萄干、糯米粉、白糖各25克，枸杞子10克，鸡蛋1个，油15克。

【制法】

1. 锅加油，全部原料一起搅成糊下锅摊开。

2. 煎至两面金黄出锅，切块装盘即成。

【提示】 要用小火煎制。

双鱼饼

【原料】 澄面175克，生粉25克，紫甘蓝200克，鱼肉蓉100克，葱姜末、料油、汤各20克，绍酒、油各15克，瑶柱汁10克，精盐1.5克。

【制法】

1. 紫甘蓝切小块打成汁，过滤后将汁烧开。

2. 倒入澄面内烫搅，加油揉透。鱼肉加甘蓝末及调料拌匀。

3. 面团揪成剂子，包馅收口，放模具压实，放微波炉打2分钟即成。

【提示】 澄面一定要沸水烫透揉匀，盖上保鲜膜饧半小时。

烤鸭面

【原料】 手擀面条100克，烤鸭腿2只，拌黄瓜片50克，蒜泥汁、酱油、香油各10克，精盐0.5克。

【制法】

1. 面条煮熟投凉，加全部调料拌匀。烤鸭腿切段。

2. 面条、黄瓜片、烤鸭腿装盘即成。

【提示】 煮面条时要中间要点两次凉水。

麻油拌面

【原料】 细挂面100克，熟鸡蛋1个，熟鹌鹑蛋2个，香肠1片，油菜心25克，芝麻油、酱油、蒜汁各10克，海苔3克。

【制法】

1. 面条煮熟捞出，用全部调料拌匀装盘。油菜烫熟。

2. 鸡蛋、鹌鹑蛋用海苔点缀成企鹅、小兔形状，全部装盘即成。

【提示】 夏季面条要过凉。

豆苗拌面

【原料】 荞麦挂面、黑豆苗各75克，鸡肉丸30克，精盐2克，花椒油15克，芝麻油10克。

【制法】

1. 豆苗焯熟捞出，加精盐1克，花椒油拌匀装盘。

2. 挂面煮熟捞出投凉，用精盐、麻油拌匀放在豆苗上，放上鸡肉丸即成。

【提示】 挂面煮熟快速投凉。

卤牛肉面

【原料】 蛋清手擀面150克，牛肉300克，油菜心100克，花雕酒、酱油、葱段、姜片各20克，老抽、八角、桂皮各5克，冰糖15克，精盐2克，老卤汤1000克。

【制法】

1. 牛肉切大块，下老汤锅，加全部调料煮烂。

2. 手擀面下沸水锅煮熟，下油菜烫熟，捞入碗中，放上牛肉块，浇上牛肉汤即成。

【提示】 牛肉小火卤煮，因较费时间，一次可多做一点。

鸡丸鸽蛋面

【原料】 细挂面100克，鸡肉蓉75克，鸽蛋1个，小油菜心25克，鸡蛋清半个，葱姜汁、绍酒各10克，精盐2克，鸡汤500克。

【制法】

1. 鸡蓉加葱姜汁、绍酒、蛋清及盐1克搅上劲。

2. 锅加鸡汤烧开，下挂面煮熟捞出装盘。

3. 鸡蓉挤成小丸子下汤锅，打入鸽蛋，下油菜煮熟，放在煮熟的面条上即成。

【提示】 氽丸子时要小火，汤不能沸腾。

腰 带 面

【原料】 面粉200克，红菜头泥、小油菜心、熟鸡肉片各50克，蛋清1个，鸡汤600克，精盐3克，味精0.5克。

【制法】

1. 面粉加菜头泥、蛋清及精盐1克和成面团饧透。

2. 面团擀成大片，切成宽条，下鸡汤锅中煮开。

3. 加油菜、盐煮熟，放入鸡片、味精装碗即成。

【提示】 菜头中的花青素遇到铁质或酸性物质容易变色。

太极双色面

【原料】 紫菜头面条、南瓜面条各100克，鸡汤800克，精盐3克。

【制法】

1. 两种面条分别下入沸鸡汤锅中煮熟捞出。

2. 两种面条呈太极形摆盘即成。

【提示】 用蒸熟的南瓜泥、紫菜头泥和面制成面条。

荞麦高汤面

【原料】 荞麦挂面75克，鸽蛋2个，小油菜心25克，精盐2克。

【制法】

1. 锅加汤烧开，下入挂面烧开，打入鸽蛋，下小油菜、盐煮熟装碗即成。

【提示】 高汤用鸡鸭、肘子、排骨等煮制而成。

三色鸡汤面

【原料】 蛋清面条、紫菜头面条、南瓜蛋黄面条各 50 克，鸡蛋 1 个，精盐 2 克，鸡汤 800 克。

【制法】

1. 三种面条分别下入沸鸡汤锅煮熟捞出。

2. 鸡蛋打入鸡汤锅烫熟，同面条装盘即成。

【提示】 面条先煮颜色浅的。鸡汤中要加盐。

榨菜肉丝面

【原料】 挂面、猪肉丝各 100 克，榨菜丝 75 克，葱姜丝、蚝油、酱油、绍酒各 10 克，生粉 2 克，油 15 克。

【制法】

1. 肉丝用绍酒、酱油、生粉拌匀，下油锅炒熟。

2. 下葱姜丝、榨菜及余下调料炒熟，出锅装盘。

3. 挂面煮熟捞出，放在榨菜肉丝上即成。

【提示】 榨菜丝要先泡去咸味挤净水再炒。

银芽肉丝面

【原料】 荞麦挂面、绿豆芽各 100 克，猪肉丝 50 克，青红椒丝 25 克，葱姜丝、蚝油、绍酒各 10 克，精盐、生粉各 2 克，油 15 克。

【制法】

1. 肉丝用绍酒、蚝油、生粉拌匀，下油锅炒熟。

2. 下葱姜丝及余下全部原料炒熟，出锅装盘。

3. 挂面煮熟捞出，放在银芽肉丝上即成。

【提示】 绿豆芽要大火快速炒熟，防止出水。

熘肝尖拌面

【原料】 挂面、猪肝片各100克，红椒片25克，葱蒜片、绍酒、酱油各10克，精盐、生粉各2克，味精1克，汤15克，油200克。

【制法】

1. 猪肝拌绍酒、酱油、生粉，下四成热油锅滑熟倒出。

2. 锅留油10克，下葱蒜片及余下全部原料翻匀装盘。

3. 挂面煮熟捞出，放在熘肝尖上即成。

【提示】 猪肝片小火滑油，大火爆炒。

西红柿卤肉面

【原料】 手擀面100克，卤肉片50克，西红柿片75克，泡木耳25克，香菜段、酱油各10克，精盐2克，鸡汤600克。

【制法】

1. 面条、木耳下鸡汤锅，加盐、酱油煮熟。

2. 下西红柿煮熟装碗，摆上卤肉片，撒香菜即成。

【提示】 煮面时中间点两次水。

蝴蝶排骨汤面

【原料】 蝴蝶面片75克，猪排骨段200克，莲藕片50克，豆苗20克，葱段、姜片、绍酒各15克，精盐2克。

【制法】

1. 排骨焯烫后捞入清水锅内，加葱姜、绍酒煮至软烂。

2. 下莲藕片煮熟，下豆苗、蝴蝶面、精盐煮熟装碗即成。

【提示】 排骨小火炖八成熟再下藕片炖至排骨软烂。

蝴蝶面拌苋菜

【原料】 蝴蝶面75克，红苋菜100克，熟鹌鹑蛋5个，白糖15克，米醋8克，酱油、麻油各10克。

【制法】

1. 红苋菜下沸水锅焯烫捞出，投凉挤去水。
2. 用白糖、醋拌匀装盘。蝴蝶面下沸水锅煮熟捞出。
3. 用酱油、麻油拌匀，放在苋菜上，放上鹌鹑蛋即成。

【提示】 红苋菜中的花青素易溶于水，要快速焯烫，快速投凉。

鱼香肝拌蝴蝶面

【原料】 蝴蝶面、猪肝片各100克，泡木耳、油菜段、汤各25克，泡辣椒段、白糖各15克，葱蒜片、绍酒、酱油各10克，生粉3克，精盐、味精各1克，油200克。

【制法】

1. 猪肝拌绍酒、酱油、生粉，下四成热油锅滑熟倒出。
2. 锅留油10克，下葱蒜片及全部原料翻匀装盘。
3. 蝴蝶面煮熟捞出，放在鱼香肝上即成。

【提示】 猪肝上浆后余下的调味汁放碗内调匀。

芫爆里脊拌面

【原料】 荞麦挂面100克，猪里脊125克，芫荽段25克，葱姜丝、绍酒各10克，精盐、生粉各2克，味精1克，汤15克，油200克。

【制法】

1. 里脊拌匀绍酒、生粉，下四成热油锅滑熟倒出。
2. 锅留油10克，下葱姜丝、芫荽段、肉丝及余下原料调成的汁翻匀装盘。
3. 挂面煮熟捞出，放在里脊丝上即成。

【提示】 里脊丝小火滑油，大火爆炒。

蝴蝶面拌菊花鸡

【原料】 蝴蝶面100克，鸡脯肉150克，蛋清1个，盐水西兰花50克，绍酒、葱姜汁各15克，生粉8克，鸡汤50克，精盐3克，油500克。

【制法】

1. 鸡肉剞多十字花刀，切小块。拌绍酒、葱姜汁、盐各半、生粉6克及蛋清。

2. 下四成热油锅滑熟倒出。锅加汤及全部调料炒开，下菊花鸡翻匀离火。

3. 蝴蝶面煮熟捞出装盘，菊花鸡、西兰花围在四周即成。

【提示】 蝴蝶面捞出后最好拌一点麻油。

三味面鱼

【原料】 蛋清面团、紫薯面团、肉泥面团各50克，油菜心25克，鸡蛋1个，精盐2克，鸡汤600克。

【制法】

1. 面团分别揪成小剂子，搓成面鱼下鸡汤锅烧开。

2. 下入鸡蛋、油菜心、精盐煮熟，装碗即成。

【提示】 肉泥面团是用猪瘦肉泥同面粉和成。

凉拌面鱼

【原料】 蛋清面团、紫薯面团各75克，香油5克，精盐、白糖各1克，鸡汤600克。

【制法】

1. 两种面团分别揪成小剂子搓成面鱼。

2. 下鸡汤锅煮熟捞出，拌入调料即成。

【提示】 面鱼不要过大。

五、饭、粥、米糊类

香柚饭

【原料】 熟米饭100克，酱牛肉50克，柚子肉、杨桃各35克，山楂卷、油各15克，葱姜末各5克，精盐1克。

【制法】

1. 牛肉、柚子肉、杨桃、山楂卷分别切丁。

2. 锅加油、葱姜末、米饭及全部原料炒透，装柚子皮中即成。

【提示】 选红心柚子，表皮要制净。

南瓜饭

【原料】 小南瓜1个，熟大米饭75克，鸡丁50克，香菇丁、豌豆各35克，油15克，绍酒10克，葱姜末5克，生粉3克，精盐1.5克。

【制法】

1. 鸡丁拌匀绍酒、生粉，下油锅炒熟，下余下全部原料（除去小南瓜）炒匀。

2. 装在去瓤的南瓜中，入锅蒸透取出即成。

【提示】 南瓜用尖刀刻成锯齿状。大火蒸制。

烤翅饭

【原料】 米饭75克，鸡翅中100克，盐水秋葵50克，卤鹌鹑蛋2个，黑椒腌肉料15克。

【制法】

1. 鸡翅中剞刀用黑椒腌肉料腌透，放烤箱中烤熟取出。

2. 鹌鹑蛋包在米饭内成饭团装盘，放上烤鸡翅、秋葵即成。

【提示】 秋葵用盐水焯熟。

鸭肉饭

【原料】 熟米饭、鸭腿肉末各100克，芹菜末、胡萝卜片各25克，葱姜末、绍酒、蚝油、香油各15克，精盐、鸡精各1.5克，胡椒粉0.5克，湿淀粉5克，汤25克。

【制法】

1. 肉末加全部调料搅匀，加芹菜末搅匀。
2. 在盘内做成鸭子状，用胡萝卜点缀成鸭腿。
3. 入锅蒸熟，放在熟米饭上即成。

【提示】 盘内要先抹油。大火蒸。

卤牛肉饭

【原料】 大米饭75克，熟鹌鹑蛋2个，糖醋苦苣50克，牛肉500克，花雕酒200克，葱段、姜片、冰糖各25克，八角、桂皮、肉寇、草果、白芷各5克，精盐8克，老卤汤1500克。

【制法】

1. 牛肉放老汤锅内，加全部调料卤熟切片。
2. 米饭、牛肉、鹌鹑蛋、苦苣装盘即成。

【提示】 卤牛肉比较费时间，一次可以多做一些。

雨伞盖饭

【原料】 米饭50克，香菇粒、酱牛肉粒、红菜丁各20克，虾皮10克，鸡蛋1个，熟蔬菜泥100克，草莓果酱、苹果果酱、油各15克，精盐1.5克。

【制法】

1. 锅加油10克烧热，倒蛋液炒熟出锅。
2. 锅加油及全部原料（不含菜泥、果酱）炒熟装盘。
3. 盖上熟蔬菜泥成伞状，用果酱点缀即成。

【提示】 鸡蛋要炒碎。

沙拉五彩饭

【原料】 云南五彩米饭100克，红心柚子肉、净白梨、杧果肉各50克，沙拉酱20克。

【制法】

1. 水果肉切丁，同沙拉酱拌匀装盘。

2. 五彩饭团成团，放在水果沙拉一侧即成。

【提示】 大米用五色植物的汁染上色，再蒸熟即可。

菊花肉饭

【原料】 大米饭、熘菊花肉各100克，卤鸽蛋2个,盐水芦笋、红樱桃各30克,泡枸杞子3克。

【制法】

1. 米饭分成两份,分别包入一个鸽蛋成饭团。

2. 饭团、熘菊花肉、芦笋、樱桃装盘即成。

【提示】 最好用猪里脊肉。熘菊花肉用枸杞子点缀一下。

沙拉黑米饭

【原料】 黑米饭100克，木瓜、皇冠梨沙拉、午餐肉、盐水肠各1片，杨桃2片。

【制法】

1. 黑米饭团成扁圆形，同午餐肉、盐水肠摆盘。

2. 水果沙拉及杨桃放在一侧即成。

【提示】 蒸黑米饭时加一点糯米，提前泡透再蒸。

云南五彩饭

【原料】 云南五彩米各100克。

【制法】

1. 泡好的五彩米分别蒸熟取出。
2. 五种颜色的饭分别团成饭团装盘即成。

【提示】 大米分别用五色植物的汁染上色。

什锦三彩饭

【原料】 红、黄、绿三色米饭各50克，煎荷包蛋1个，酱牛肉、午餐肉各20克，苹果、猕猴桃各1片。

【制法】

1. 三色米饭分别用模具压成扁圆形装盘。
2. 放上全部原料摆盘即成。

【提示】 煎荷包蛋时撒上一点瘦火腿或肉末、葱末。

翡翠鹿肉饭

【原料】 绿菜汁米100克，焖鹿肉3块，香油10克。

【制法】

1. 泡好的菜汁米加香油蒸熟，团成饭团装盘。
2. 焖鹿肉放在饭团的一侧即成。

【提示】 选鹿肋条肉用小火焖至软烂。

牛肉金米饭

【原料】 金米饭100克，焖牛肉3块，杨桃3片。

【制法】

1. 熟金米饭团成饭团装盘。

2. 焖牛肉及杨桃分别放在饭的四周即成。

【提示】 大米提前用植物汁泡上色，然后蒸熟。

什锦娃娃饭

【原料】 大米饭75克，酱牛肉片、橙子丁、猕猴桃丁、白梨丁各50克，沙拉酱20克，熟鹌鹑蛋2个，橙汁10克，海苔丝、拌苦苣各20克。

【制法】

1. 橙子、猕猴桃、梨丁、沙拉酱、橙汁拌匀装盘。

2. 米饭、沙拉及余下全部原料装盘成娃娃状即成。

【提示】 用海苔点缀成眼睛和嘴。

熊猫熏鸡饭

【原料】 大米饭、紫米饭各75克，熏鸡肉2块，拌海带丝、炒黄豆芽各25克。

【制法】

1. 海带丝装盘，用大米饭盖上。

2. 黄豆芽用紫米饭盖上，与白米饭一同盖成熊猫状，配上熏鸡肉块即成。

【提示】 做紫米饭时加一点糯米，口感更黏糯。

珍珠娃娃饭

【原料】 米饭75克，鱼肉蓉、虾仁各50克，肥膘肉蓉、汤、绍酒各20克，葱姜末10克，生粉、姜末、精盐各3克，海苔适量。

【制法】

1. 虾仁背部片开，用盐、绍酒各半及葱姜末、生粉拌匀。

2. 余下全部原料（不含海苔、米饭）调匀，挤成丸子，放上虾仁蒸熟。

3. 米饭扣成圆筒形，用海苔点缀成眼睛、头发、嘴，放上虾球即成。

【提示】 要选用无刺的鳜鱼、鲈鱼等肉。

花笋排骨饭

【原料】 米饭75克，鸡蛋1个，红烧排骨、烧兰花笋、油菜各50克，葱花、油各15克，精盐1克。

【制法】

1. 锅加油、倒入蛋液炒熟，加葱花、米饭、精盐炒匀装盘。

2. 配上红烧排骨、兰花笋、油菜即成。

【提示】 冬笋剞上花刀焯透后同菜心炒熟调味即可。

酿馅鱿鱼饭

【原料】 热米饭、鱿鱼卷各100克，菜心、猪肉末、汤各50克，葱姜汁、葱姜末、蚝油、香油各10克，湿淀粉、精盐各2克。

【制法】

1. 肉末加葱姜末、蚝油、香油及盐1克搅匀，酿在鱿鱼卷内蒸熟取出。

2. 锅加汤及调料、菜心炒开。下鱼卷，用湿淀粉勾芡，装盘，旁边放上米饭即成。

【提示】 米饭用模具压成心形。用圣女果点缀。

排骨黑薯饭

【原料】 大米、排骨段各200克，黑土豆条100克，油菜段75克，绍酒、酱油、葱段、姜片、油各25克，老抽10克，精盐2克，水适量。

【制法】

1. 锅加油、排骨、酱油、老抽炒上色。
2. 加绍酒、葱姜、水焖熟，下大米烧开。
3. 下土豆、盐焖熟，下油菜略焖即成。

【提示】 用小火焖制。

黄焖鸡米饭

【原料】 大米、鸡肉块各200克，水发香菇、胡萝卜块各75克，绍酒、酱油、葱段、姜片、油各20克，老抽5克，精盐2克，水适量。

【制法】

1. 锅加油、葱姜、鸡块、绍酒、老抽、酱油炒上色。
2. 加水焖熟，下大米、香菇、胡萝卜、盐焖熟即成。

【提示】 用小火焖制。

京酱肉丝饭

【原料】 大米饭75克，猪瘦肉丝150克，熟凤尾虾2只，熟鹌鹑蛋2个，葱丝20克，甜面酱、绍酒各15克，酱油、生粉各10克，白糖3克，精盐、味精各1克，汤、油各20克。

【制法】

1. 肉丝用绍酒、生粉6克拌匀。
2. 锅加油、肉丝炒熟，烹入用全部调料调成的汁翻匀装盘，中间放上米饭。
3. 放上凤尾虾及鹌鹑蛋即成。

【提示】 米饭堆成兔子形，用海苔做出眼睛和嘴。

鸡肉黑饭团

【原料】 黑米饭100克，烤鸡腿1个，鸡蛋液半个，精盐0.5克，黑芝麻粉10克、油15克。

【制法】

1. 鸡蛋液加精盐搅散。黑米饭加黑芝麻拌匀，捏成圆饼。

2. 锅加油，饭团上下挂匀鸡蛋液，下锅煎透装盘。

3. 配上切成段的烤鸡腿即成。

【提示】 用圣女果、黄瓜花点缀。

烤鸭双色饭团

【原料】 白米饭、紫米饭各50克，烤鸭脯2块，咸蛋黄1个，拌紫苏叶20克。

【制法】

1. 白米饭包拌紫苏叶成饭团。紫米饭包咸蛋黄成饭团。

2. 双色饭团同烤鸭肉装盘即成。

【提示】 紫苏叶洗净用盐、糖、蒜泥、酱油、香油拌匀即成。

西红柿鸡蛋饭

【原料】 紫薯米饭75克，鸡蛋2个，西红柿块100克，葱花10克，精盐1.5克，油20克。

【制法】

1. 鸡蛋液搅散。锅加油烧热，倒入蛋液炒熟出锅。

2. 锅加油、葱花。西红柿、盐炒熟，倒入鸡蛋炒匀装盘，装入紫薯、米饭即成。

【提示】 鸡蛋、西红柿均要用大火炒制。

鱿鱼炒黑米饭

【原料】 黑米饭100克，鱿鱼末75克，韭菜末50克，绍酒、姜末、油各15克，精盐1克。

【制法】

锅加油、鱿鱼末炒熟，下余下全部原料炒匀，出锅即成。

【提示】 鱿鱼炒断生后马上下全部原料，不能过火。

鸡米炒小米饭

【原料】 小米饭100克，鸡肉米75克，葱末、香菜末各15克，绍酒、姜末油各10克，精盐、鸡精各1克，油适量。

【制法】

锅加油、鸡米炒熟，下余下全部原料炒匀，出锅即成。

【提示】 鸡腿肉切成米粒状。

肉末高粱米饭

【原料】 高粱米饭100克，鹿肉末75克，葱末20克，绍酒、姜末油各10克，湿淀粉3克，精盐、鸡精各1克。

【制法】

1. 肉末用绍酒、湿淀粉拌匀。

2. 锅加油、肉末炒熟，下全部原料炒透，出锅即成。

【提示】 小火炒匀炒透。

鲜花肉饭

【原料】 热米饭、牛肉末各100克，虾皮10克，香菜叶、枸杞子、生粉各5克，牛骨汤、葱姜汁各25克，酱油、蚝油、香油各10克，精盐1克，白糖3克。

【制法】

1. 肉末加虾皮及全部调料（不含汤、酱油、糖）搅匀。成花状摊米饭上，点缀香菜、枸杞蒸熟，放在饭上。

2. 锅加余下调料炒开，勾芡，浇在肉上即成。

【提示】 肉饼装盘前要在盘内抹油。饭要摊平。

肉丸蛋炒饭

【原料】 米饭75克，鸡蛋1个，瘦肉末75克，油菜丁、汤各20克，葱花、葱姜末、绍酒、油各15克，精盐3克。

【制法】

1. 锅加油、蛋液炒熟，加葱花、菜丁、米饭及盐1.5克炒透。

2. 肉末加余下全部调料搅匀，挤成丸子下水锅氽熟捞出。

3. 炒饭装碗或圆筒模具后扣在盘内，撒上松仁，配肉丸即成。

【提示】 肉馅要顺一个方向搅上劲。

黑香米粥

【原料】 黑香米50克，煮鸡蛋1个，火腿肠1片，熟凤尾虾1只，盐水西兰花2朵。

【制法】

1. 黑香米下水锅熬成粥装碗。鸡蛋用刀刻上锯齿刀。

2. 全部原料摆在粥上面即成。

【提示】 大虾留尾壳，背部片开，用调料入味蒸熟即成。

紫薯米粥

【原料】 紫薯米50克，煮鸡蛋1个，胡萝卜花片30克，花椒粒适量。

【制法】

1. 紫薯米下水锅熬成粥装碗。胡萝卜片焯烫捞出，刻成花状。

2. 鸡蛋刻成雏鸡状，用花椒粒、胡萝卜点缀成眼睛、嘴。

3. 鸡蛋、花状胡萝卜摆在粥上即成。

【提示】 紫薯米要快速漂洗，否则容易吸水。

鲜虾米粥

【原料】 细玉米50克，大米25克，鸡汤300克，凤尾虾、熟鹌鹑蛋各3个，火龙果丁2克，绍酒、葱姜汁各10克，精盐1克，生粉2克。

【制法】

1. 凤尾虾用绍酒、葱姜汁、盐、生粉拌匀。

2. 玉米、大米加鸡汤熬成粥，下入凤尾虾烫熟。

3. 粥装碗，用凤尾虾、鹌鹑蛋、火龙果丁点缀即成。

【提示】 虾去头、壳，留尾，背部片开去纱线。

白兔蘑菇粥

【原料】 紫薯米50克，鹌鹑蛋2个，小红香肠3段，鸡肉肠3片，小柿子花1个，香菜15克，海苔2克。

【制法】

1. 紫薯米下水锅熬成粥装碗。

2. 用鹌鹑蛋、鸡肉肠做成小兔。用香肠段做成蘑菇状。

3. 点缀上海苔、柿子花、香菜等即成。

【提示】 生原料要充分制净。

菜泥小米粥

【原料】 小米50克，心形荷包蛋1个，火腿肠25克，芹菜、油菜各50克，精盐1克，白糖、湿淀粉各3克，葱末、油各10克，鸡汤25克。

【制法】

1. 小米下水锅熬成粥装碗。芹菜、油菜切碎。

2. 锅加油、葱末、芹菜、油菜及全部调料烧熟。

3. 荷包蛋、火腿肠及菜泥放在小米粥上即成。

【提示】 青菜不要炒过火，出锅前勾薄芡。

虎眼双米粥

【原料】 紫米粥75克，小米粥50克，咸蛋黄1个，调好的肉馅50克，油300克，虎眼肉。

【制法】

1. 肉馅包上鸭蛋黄，下五成热油锅炸熟捞出切两半，成虎眼肉。

2. 紫米粥装碗，上面用小米粥点缀成兔子状，放上虎眼肉即成。

【提示】 蛋黄是咸的，肉馅一定要淡一点。

肉肠咸蛋粥

【原料】 大米50克，咸鸭蛋半个，鸡肉肠1根，盐水胡萝卜花30克，黄瓜片20克。

【制法】

1. 大米下水锅熬成粥装碗。鸡肉肠切两段剞花刀。

2. 鸡肉肠入锅煎软，点缀成八爪鱼状，同咸蛋、胡萝卜花、黄瓜片等摆在粥上即成。

【提示】 胡萝卜用加盐及油的水焯烫。

番茄肉末粥

【原料】 小米75克，番茄50克，猪肉末、芹菜各25克，精盐1.5克，白糖、湿淀粉各3克，虾皮末、葱末、油各10克。

【制法】

1. 小米下水锅熬成粥装碗。番茄、芹菜切碎。

2. 锅加油、肉末炒熟，加除小米外全部原料炒熟，放在小米粥上即成。

【提示】 出锅前勾薄芡。

小猪二米粥

【原料】 紫米50克，糯米20克，煮鸡蛋1个，火腿肠2片，葡萄两粒。

【制法】

1. 紫米、糯米下水锅熬成粥装碗。鸡蛋切两半。

2. 火腿肠戳两个眼，全部原料摆在粥上成小猪状即成。

【提示】 粥要小火熬。

什锦薏米粥

【原料】 薏仁米50克，大米20克，煎荷包蛋1个，五香火腿肠1块，火龙果1块，咸鹅蛋半个，蒜蓉西兰花30克。

【制法】

1. 薏仁米下水锅煮熟，下入大米熬成粥装碗。

2. 火腿肠、火龙果用模具压出心形，全部原料放在粥上即成。

【提示】 鸡蛋打在心形模具内煎出心形。

太极金米菜粥

【原料】 金米50克，牛肉末、菠菜碎、南瓜泥各50克，黄油、油、绍酒、蚝油、葱姜末各10克，精盐2克。

【制法】

1. 金米下水锅熬成粥，加南瓜泥、黄油熬浓。

2. 锅加油、肉末及余下全部原料炒熟出锅，同金米粥呈太极形装盘即成。

【提示】 菠菜焯烫去除草酸，切碎同肉末一起炒。

什锦米糊

【原料】 大米、小米、高粱米各30克，熟白芝麻15克，氽肉丸、熟鹌鹑蛋各4个，炒小油菜20克，西红柿花一朵。

【制法】

1. 大米、小米、高粱米、芝麻加水打成米糊装碗。

2. 放上肉丸、鹌鹑蛋、小油菜、西红柿花即成。

【提示】 鹌鹑蛋用海苔点缀成小兔子状。

菜泥紫米糊

【原料】 紫米50克，香米20克，鸡汤200克，炒油菜泥50克，鸡肉肠3片，炼乳10克。

【制法】

1. 紫米、香米加鸡汤打成糊装碗。

2. 用炒油菜泥及鸡肉肠、炼乳点缀成图案即成。

【提示】 米糊不能太稀。

香浓玉米糊

【原料】 熟嫩黏玉米粒150克，炼乳20克，西瓜汁，蔬菜汁各50克。

【制法】

玉米粒加炼乳打成糊装杯，用西瓜汁、蔬菜汁画上图案即成。

【提示】 米糊的浓稠度可灵活掌握。

双仁二米糊

【原料】 大米、薏仁米各30克，核桃仁、榛子仁、盐水猪肝、拌青椒各25克，鸡蛋1个，黄柿子半个。

【制法】

1. 大米、薏仁米、双仁放豆浆机中，加水打成米糊。

2. 米糊装碗，放猪肝、青椒片、柿子、鸡蛋点缀即成。

【提示】 薏仁米提前泡透。

海带小米糊

【原料】 小米50克，海带末75克，核桃仁20克，油、葱姜末各15克，骨头汤150克，瑶柱汁10克，精盐、生粉各2克。

【制法】

1. 小米、桃仁用豆浆机打成米糊。

2. 锅加油、葱姜末及全部原料炒浓，同米糊呈太极形装盘即成。

【提示】 海带焯透后切碎，炒入味后用调稀的生粉勾芡。

六、水果、果冻、果汁类

密瓜小船

【原料】 哈密瓜1个。

【制法】

哈密瓜用刀贴瓜皮片开，再切成条，瓜条交叉向两边略推，插上牙签即成。

【提示】 可撒上白糖或果酱。

水果沙拉

【原料】 红桃150克，红火龙果、皇冠梨、绿葡萄各100克，沙拉酱25克。

【制法】

1. 红桃一个切两半，两面打上花刀，向前推成花状装盘。

2. 火龙果、梨去皮切丁，全部原料拌匀装盘即成。

【提示】 直接食用的水果要充分处理干净。

水果龙舟

【原料】 哈密瓜半个，红桃、苹果、梨丁各100克，蜂蜜20克。

【制法】

1. 哈密瓜刻成锯齿花刀，将果肉与皮片开，切成块。

2. 红桃、苹果、梨切丁，拌匀蜂蜜，装在哈密瓜内即成。

【提示】 哈密瓜刻好后要保持原型。

太极鲜果

【原料】 猕猴桃、杧果各150克。

【制法】

猕猴桃、杧果分别打成泥，成太极状装盘即成。

【提示】 直接食用的水果要充分处理干净。

枸杞黄桃

【原料】 黄桃500克，橙汁、冰糖各50克，枸杞子10克。

【制法】

1. 黄桃去皮，切成大块。

2. 锅加水、冰糖，下黄桃、枸杞煮透入味，加入橙汁，出锅晾凉即成。

【提示】 最好冰镇后食用，口味更佳。

蜜汁果丁

【原料】 火龙果、苹果、杧果各100克，红枣25克，蜂蜜、冰糖各25克。

【制法】

1. 全部水果切丁。

2. 锅加沸水下全部原料煮透，装入火龙果壳即成。

【提示】 水要少放。不要久煮。

冰镇双珠

【原料】 哈密瓜、紫薯各300克，冰糖50克。

【制法】

1. 哈密瓜、紫薯，挖成珠状。

2. 锅加沸水，下全部原料煮入味出锅，放冰箱镇凉即成。

【提示】 紫薯煮熟后再下哈密瓜。

果香紫薯

【原料】 紫薯、白梨、哈密瓜各100克，红枣丁25克，冰糖50克。

【制法】

1. 苹果、梨、紫薯去皮，均切丁。

2. 锅加沸水，下全部原料煮透入味，出锅晾凉即成。

【提示】 原料大小要一致。

蜜香水果盅

【原料】 香瓜1个，白梨丁、杧果丁、西瓜丁各50克，蜂蜜20克。

【制法】

1. 香瓜切下顶部，去掉瓜瓤，瓜肉放在里面。

2. 全部原料拌匀，装在香瓜内即成。

【提示】 夏季放冰箱中冷藏两小时口感更佳。

橙汁煮梨

【原料】 白梨（橘瓣块）200 克，红枣 25 克，浓缩橙汁，冰糖各 25 克。

【制法】

1. 锅加沸水 200 克，下全部原料（不含橙汁）煮透。

2. 梨、红枣摆盘，冰糖水加橙汁搅匀，浇在梨上即成。

【提示】 红枣、梨小火煮透，汤汁不要加得太多。

芒 果 冻

【原料】 杧果泥 200 克，炼乳、草莓酱各 25 克，琼脂 10 克，水适量。

【制法】

1. 琼脂泡软，加 100 克水煮化，加芒果泥搅匀烧开。

2. 倒入容器内冷却凝固，食用时刻出形状，放炼乳、果酱即成。

【提示】 杧果要打成细泥。

杏 仁 冻

【原料】 杏仁露 150 克，熟牛奶 100 克，杏仁粉、琼脂各 10 克，冰糖 25 克。

【制法】

1. 琼脂泡软同全部原料下锅熬化。

2. 倒入容器，凝固后用模具扣出即成。

【提示】 琼脂要小火熬化。

果蔬汁冻

【原料】 樱桃汁、西瓜汁、红菜头汁、西红柿汁各 75 克，白糖 25 克，琼脂 10 克，水适量。

【制法】

1. 琼脂用 50 克水煮化，加入全部原料煮开。

2. 装入模具，凝固后取出即成。

【提示】 琼脂要先泡软煮化。果蔬汁烧开即可。

紫薯果冻

【原料】 紫薯泥 150 克，樱桃汁 100 克，琼脂 10 克，白糖、炼乳各 25 克，水适量。

【制法】

1. 琼脂泡软，加 150 克水熬浓，下全部原料烧开。

2. 搅匀后倒入容器，凝固后取出即成。

【提示】 樱桃汁在其他原料熬开出锅前加入搅匀即可。

草莓果冻

【原料】 草莓、牛奶各 200 克，苹果汁 100 克，琼脂 10 克，白糖 25 克。

【制法】

1. 琼脂下牛奶锅熬化，下全部原料煮开。

2. 草莓放模具内，倒入琼脂汁凝固取出即成。

【提示】 草莓要充分制净，略烫一下即可或直接放入模具。

密瓜果冻

【原料】 哈密瓜泥、牛奶各150克，琼脂15克，白糖25克，水适量。

【制法】

1. 锅加水150克及琼脂熬化，加牛奶、白糖煮开。

2. 下哈密瓜泥搅匀烧开，倒入容器内冷却。

3. 用模具扣出心形即成。

【提示】 琼脂先泡透，小火煮化。

红菜头果冻

【原料】 紫菜头泥100克，红果汁50克，琼脂10克，冰糖25克，水适量。

【制法】

1. 全部原料放锅中，加水150克烧开熬化。

2. 倒入容器冷却，用模具扣出花状即成。

【提示】 琼脂要先泡透。

鲜果汁冻

【原料】 草莓汁、西瓜汁各150克，白糖25克，琼脂15克。

【制法】

1. 琼脂用100克水下锅熬化，加全部原料烧开。

2. 倒在模具内后，内凝固取出切块即成。

【提示】 鲜果汁不能用铁锅熬制，容易产生变化。

枣香果冻

【原料】 红枣丁、猕猴桃丁、橘子丁各50克，琼脂25克，冰糖50克。

【制法】

1. 琼脂用250克水下锅加冰糖煮化。

2. 放入全部原料丁烧开，倒在小碗内凝固取出即成。

【提示】 红枣丁先煮透，再下其他水果丁。

果汁奶香冻

【原料】 荔枝果汁、莲雾果汁、牛奶各100克，炼乳、白糖、琼脂15克。

【制法】

1. 琼脂泡软后同全部原料下锅煮化。

2. 倒容器内冷却凝固，取出切块即成。

【提示】 琼脂要先泡透。水果汁不要长时间加热。

绿豆果香冻

【原料】 绿豆75克，梨汁200克，琼脂10克，白糖25克，水适量。

【制法】

1. 绿豆下300克水锅煮软烂，下全部原料熬化。

2. 装入模具，冷却凝固后取出即成。

【提示】 绿豆、琼脂要提前分别泡至回软。

红豆鲜奶冻

【原料】 鲜牛奶300克，熟红小豆75克，琼脂10克，炼乳、冰糖各25克。

【制法】

全部原料下锅熬化，分别倒果冻盒内，凝固取出即成。

【提示】 琼脂一定要先泡透。

蜜香果蔬冻

【原料】 南瓜泥、哈密瓜泥各100克，琼脂15克，蜂蜜25克，水适量。

【制法】

1. 琼脂加150克水下锅煮化，下全部原料烧开。

2. 倒在容器内冷却凝固，用模具刻出花形即成。

【提示】 全部原料烧开出锅时再加入蜂蜜搅匀。

果汁绿豆冻

【原料】 西瓜汁200克，红枣泥、绿豆泥各50克，琼脂、冰糖各20克，水适量。

【制法】

1. 全部原料（不含西瓜汁）加200克水下锅。

2. 煮化后加西瓜汁，装模具凝固后取出即成。

【提示】 琼脂要先泡透。

乳香杂果冻

【原料】 火龙果丁、杧果丁、莲雾丁各50克，牛奶250克，琼脂、白糖各25克。

【制法】

1. 琼脂泡透，倒入牛奶锅，加白糖烧开。

2. 放入原料丁烧开，倒在鱼形模具内凝固，取出即成。

【提示】水果丁不要煮过火。

密瓜水晶冻

【原料】 哈密瓜丁、苹果丁各100克，琼脂20克，冰糖50克，水适量。

【制法】

1. 琼脂用250克水下锅煮化，再加入冰糖煮化。

2. 放入原料丁烧开，倒在模具内凝固，扣出即成。

【提示】 水果丁不要久煮。琼脂最好提前泡透。

金银双花冻

【原料】 金银花15克，玫瑰花泥30克，琼脂、冰糖、蜂蜜各25克，水适量。

【制法】

1. 全部原料加500克水下锅熬煮化。

2. 装模具凝固后，取出切块即成。

【提示】 蜂蜜要出锅时再放。

西瓜汁水晶冻

【原料】 西瓜汁200克，琼脂10克，白糖30克，水适量。

【制法】

1. 琼脂、白糖加100克水煮化，加西瓜汁搅匀。

2. 装入果冻盒，凝固取出即成。

【提示】 水果汁要用砂锅或不锈钢锅煮制。

西米橙汁冻

【原料】 橙汁50克，西米20克，琼脂10克，白糖25克，水适量。

【制法】

1. 琼脂、白糖、西米及200克水下锅煮透离火。

2. 加橙汁倒入容器凝固，切块即成。

【提示】 西米小火煮熟。橙汁与琼脂汁要充分融合。

杧 果 汁

【原料】 杧果150克，酸奶、西红柿汁各35克，炼乳20克。

【制法】

1. 杧果肉加酸奶打成汁装杯子。

2. 用西红柿汁、炼乳点缀成花形图案即成。

【提示】 打果汁时不要加水。

蔬菜汁

【原料】 黄瓜 100 克，芹菜、青椒、哈密瓜片、哈密瓜汁各 50 克，冰糖碎 25 克。

【制法】

1. 黄瓜、青椒、芹菜切小段，加冰糖打成汁。

2. 蔬菜汁装碗，用哈密瓜片和汁点缀成图案即成。

【提示】 蔬菜汁米糊的浓稠度可灵活掌握。

桑葚汁

【原料】 鲜桑葚 150 克，白糖 25 克，水适量。

【制法】

1. 桑葚、白糖放入果汁机中。

2. 加 25 克饮用水，打成汁即成。

【提示】 桑葚要快速漂洗干净。打好汁后可放冰箱中镇凉。

红桃汁

【原料】 红桃 150 克，碎冰糖 15 克，火龙果汁适量。

【制法】

1. 红桃去皮切丁，同冰糖放果汁机中打成汁装碗。

2. 用火龙果汁点缀成图案即成。

【提示】 果汁最好不过滤，连同粗渣一起饮用营养价值更高。

三色果蔬汁

【原料】 黄色西红柿、西瓜、黄瓜各 100 克，白糖 30 克。

【制法】

三种食材切块，分别加白糖 10 克打成汁，装入杯中即成。

【提示】 三种原料水分都很大，打汁时不用加水。

三层果蔬汁

【原料】 西红柿、哈密瓜各 150 克，黄瓜 100 克，芹菜 50 克，白糖 20 克。

【制法】

1. 食材分别切小块，西红柿、哈密瓜分别打成汁。

2. 黄瓜、芹菜加白糖打成汁，分三层装杯即成。

【提示】 打汁时不要加水，否则过稀无法装杯。

五层果蔬汁

【原料】 西红柿、黄瓜、杧果、红火龙果、酸奶各 100 克。

【制法】

食材分别切成小块，分别打成汁，分层装杯即成。

【提示】 根据喜好加蜂蜜、白糖、玫瑰酱等调味。

菠萝玉米汁

【原料】 净菠萝100克，熟黄玉米粒50克，白糖20克，葡萄粒、红水果汁各25克。

【制法】

1. 菠萝切小块同玉米、白糖打成汁装碗。

2. 用葡萄粒、红水果汁点缀成图案即成。

【提示】 果汁的浓稠度可灵活掌握。

酸奶火龙果汁

【原料】 红火龙果150克，白糖、酸奶各25克。

【制法】

1. 火龙果去皮切丁，同白糖放入果汁机中打成汁。

2. 果汁装杯，用酸奶画上图案即成。

【提示】 不喜欢甜的可以不加糖。

甜橙紫薯汁

【原料】 甜橙丁50克，熟紫薯泥100克，冰糖25克，水适量。

【制法】

1. 锅加水200克烧开，下紫薯泥、冰糖炒开放凉。

2. 紫薯汁过滤后装杯，放上甜橙即成。

【提示】 紫薯可以加水用果汁机打成汁。

珍珠西瓜汁

【原料】 西瓜块150克，石榴籽25克，冰糖15克。

【制法】

1. 西瓜块放果汁机中打成汁装杯。
2. 放入冰糖、石榴籽即成。

【提示】 打汁时不用加水。

芒果紫薯汁

【原料】 熟紫薯块150克，杧果粒35克，蜂蜜15克，水适量。

【制法】

1. 紫薯块加蜂蜜、水放果汁机中打成汁装杯。
2. 放入杧果粒即成。

【提示】 紫薯较干需要加水或牛奶、豆浆。

杏仁西米露

【原料】 杏仁露150克，杧果粒25克，西米15克。

【制法】

1. 西米煮熟投凉，同杧果粒装碗。
2. 倒入杏仁露即成。

【提示】 西米下锅烧开后关火，焖一会再开火，反复两三次至透明即可。

猕猴桃西瓜汁

【原料】 猕猴桃块150克，西瓜小丁50克，冰糖20克。

【制法】

1. 猕猴桃块放果汁机中打成汁过滤装杯。
2. 放入冰糖及西瓜丁即成。

【提示】 夏季冰镇后口感更好。

蜂蜜西红柿汁

【原料】 西红柿200克，蜂蜜20克，杧果块适量。

【制法】

1. 西红柿焯透捞出去皮，切成块放料理机中。
2. 加入蜂蜜打成汁装杯即成。

【提示】 用杧果块点缀图案。

猕猴桃西米露

【原料】 猕猴桃2个，西米、碎冰糖各25克。

【制法】

1. 西米煮熟捞出。猕猴桃、冰糖打成汁。
2. 果汁过滤装杯，放入西米即成。

【提示】 西米小火煮，保持锅中微沸腾即可，中间要点几次水。

七、汤、羹及其他类

南瓜金汤

【原料】 净南瓜、鸡汤各500克，黄油10克，精盐2克，胡椒粉1克。

【制法】

1. 南瓜一半蒸熟打成泥，一半刻成圆珠形。

2. 锅加黄油、鸡汤、南瓜泥、南瓜珠煮熟，加盐、胡椒粉即成。

【提示】 南瓜泥要过滤，去除粗渣。

肉丸瓜片汤

【原料】 猪里脊肉150克，黄瓜片75克，鸡蛋清1个，葱姜汁、绍酒各15克，精盐3克，鸡汤500克。

【制法】

1. 肉剁碎，加葱姜汁、绍酒、蛋清及盐1.5克搅上劲。

2. 肉馅挤成丸子下入汤锅氽熟，加余下全部原料烧开即成。

【提示】 丸子中小火烧开后要撇净浮沫。

肉丸柿子汤

【原料】 猪肉末150克，西红柿块100克，鸡蛋清1个，葱姜末、葱姜汁、绍酒各10克，精盐3克，骨头汤500克。

【制法】

1. 肉末加葱姜末、绍酒、蛋清及盐1.5克搅上劲。

2. 肉馅挤成丸子下入汤锅氽熟，加余下全部原料烧开即成。

【提示】 丸子下凉汤或微热的汤锅中，中小火烧开。

排骨柿子汤

【原料】 净猪排骨段500克，黄柿子块150克，葱段、姜片各25克，绍酒15克，精盐2克，八角2个。

【制法】

1. 排骨下沸水锅焯烫后，同余下全部原料（不含盐、黄柿子块）下清水锅煮熟。

2. 黄柿子块炖至软烂，加精盐装碗即成。

【提示】 水要一次加足，不能中途加冷水。

肉丸胡萝卜汤

【原料】 猪瘦肉末150克，胡萝卜片50克，荸荠粒20克，鸡蛋清1个，葱姜汁、绍酒各10克，鸡汁5克，精盐3克，骨头汤500克。

【制法】

1. 肉末加荸荠、葱姜汁、绍酒、蛋清及盐1克搅上劲。

2. 肉馅挤成丸子下入汤锅余熟，加余下全部原料烧开即成。

【提示】 肉馅要顺一个方向搅上劲。

珍珠鸡丸汤

【原料】 鸡肉蓉150克，小油菜心20克，熟鸽蛋1个，鸡蛋清1个，葱姜末、葱姜汁、绍酒各10克，精盐3克，鸡汤500克。

【制法】

1. 鸡蓉加葱姜末、绍酒、蛋清及盐1.5克搅上劲。

2. 鸡蓉挤成丸子下入汤锅余熟，加余下全部原料烧开即成。

【提示】 鸡肉最好用刀剁成蓉。要顺一个方向搅上劲。

乌鸡冬瓜汤

【原料】 乌鸡肉蓉150克，鸡蛋清1个，葱姜末、葱姜汁、绍酒各10克，精盐3克，鸡汤500克。

【制法】

1. 鸡蓉加葱姜末、绍酒、蛋清及盐1克搅上劲。

2. 鸡蓉挤成丸子下入汤锅氽熟，加余下调料装碗即成。

【提示】 鸡蓉要顺一个方向搅上劲。

鱼片冬瓜汤

【原料】 净黑鱼肉片、冬瓜片各150克，鸡蛋清半个，葱姜汁、绍酒各15克，生粉5克，精盐2克，鸡汤500克。

【制法】

1. 黑鱼肉片用绍酒、葱姜汁各半及蛋清、生粉拌匀。

2. 锅加汤及余下全部原料烧开，下鱼片氽熟装碗即成。

【提示】 冬瓜熟后再下鱼片，烧开后要撇净浮沫。

三鲜丸子汤

【原料】 鸡肉蓉、鳗鱼蓉、蟹肉蓉、黑豆苗各50克，鸡蛋清1个，葱姜末、葱姜汁、绍酒各10克，精盐3克，胡椒粉0.5克，鸡汤500克。

【制法】

1. 三种肉蓉加葱姜末、绍酒、蛋清及盐1.5克搅上劲。

2. 肉蓉挤成丸子下入汤锅氽熟，加余下全部原料烧开即成。

【提示】 关火出锅时加胡椒粉。

鱼丸苦瓜汤

【原料】 鲈鱼肉蓉125克，肥膘肉蓉20克，苦瓜片50克，鸡蛋清1个，葱姜汁、绍酒各15克，精盐3克，胡椒粉0.5克，鸡汤500克。

【制法】

1. 鱼蓉、肥肉蓉加葱姜汁、绍酒、蛋清及盐1克，汤25克搅拌上劲。

2. 鱼蓉挤成丸子下鸡汤锅烧开，撇净浮沫汆熟，下全部原料烧开装碗即成。

【提示】 丸子下冷鸡汤锅小火烧开汆熟。

碧绿虾片汤

【原料】 大虾150克，油菜段50克，湿淀粉、葱姜汁、绍酒各15克，精盐3克，鸡汤300克。

【制法】

1. 大虾去头去壳留尾，背部片开制净，用湿淀粉拌匀。

2. 锅加汤烧开，下虾片汆熟，下余下全部原料烧开装碗即成。

【提示】 虾片下锅烧开后要撇净浮沫。

紫薯虾包汤

【原料】 高筋面粉150克，熟紫薯泥50克，干淀粉、虾肉粒、牛肉末各75克，熟玉米粒、油菜段各25克，绍酒、酱油、葱姜末各5克，精盐2克，味精1克，鸡汤300克。

【制法】

1. 面粉加紫薯泥及淀粉20克和成面团饧透。

2. 虾肉、牛肉加绍酒、葱姜末、酱油、玉米粒及盐0.5克拌匀。

3. 面团揪成小剂子擀成皮，包馅成小包子。

4. 下沸水锅煮熟捞入汤碗中。鸡汤及全部原料烧开，浇在包子碗中即成。

【提示】 包子越小越好。烧汤与煮包子同步进行。

虾丸冬瓜汤

【原料】 虾肉蓉150克，肥膘肉蓉20克，冬瓜丁100克，鸡蛋清1个，葱姜汁、绍酒各15克，精盐3克，胡椒粉0.5克，鸡汤500克。

【制法】

1. 虾蓉、肉蓉加葱姜汁、绍酒、蛋清及盐1克，汤25克搅上劲。

2. 锅加汤、冬瓜及余下调料烧开，虾蓉挤成丸子下入锅中汆熟，装碗即成。

【提示】 冬瓜小火煮半透明后再挤丸子，小火汆烫。

西红柿浓汤

【原料】 西红柿150克，胡萝卜75克，洋葱25克，鲜奶油、大蒜瓣各10克，鸡汤500克，精盐2克，胡椒粉0.5克。

【制法】

1. 西红柿、胡萝卜、洋葱切块，同蒜瓣放锅中炒软。

2. 加汤煮软烂晾凉，倒入料理机中打成汁。

3. 再倒入锅中熬浓，加全部调料即成。

【提示】 打成汁再回锅熬时要勤搅动，防止煳底。

鱼丸蛋羹

【原料】 鸡蛋2个，沙丁鱼蓉75克，肥肉蓉15克，蛋清半个，韭菜末、绍酒、葱姜汁各20克，香油10克，精盐2.5克，骨头汤100克。

【制法】

1. 鱼蓉、肉蓉加绍酒、葱姜汁各半、盐1克及蛋清搅上劲。

2. 鸡蛋液加全部原料搅散，鱼蓉挤成丸子放在蛋液中，蒸熟即成。

【提示】 鱼蓉要顺一个方向充分搅上劲。

小猪蛋羹

【原料】 鸡蛋2个，火腿肠片50克，虾皮末15克，海苔、绍酒、葱姜汁、香油各10克，精盐1.5克，鸡汤100克。

【制法】

1. 鸡蛋液加虾皮末及全部调料搅散蒸熟。

2. 用火腿肠片、海苔在蛋羹上点缀成小猪图案即成。

【提示】 中火蒸制。火太大蛋羹容易起泡。

鲜花蛋羹

【原料】 鸡蛋2个，蔬菜末50克，炒西红柿酱、火龙果汁各25克，芹菜梗、绍酒、葱姜末、香油各10克，精盐2克，鸡汤100克。

【制法】

1. 鸡蛋液加绍酒、鸡汤及精盐1.5克搅散蒸五成熟。

2. 蔬菜末加调料调匀同余下全部原料在蛋羹上点缀成图案蒸熟即成。

【提示】 蒸蛋时，在锅与锅盖之间插上一根筷子，留出一条缝，可使蛋羹不起泡。

虾丸蛋羹

【原料】 鸡蛋2个，虾肉蓉75克，蛋清半个，绍酒、葱姜汁各20克，香油10克，精盐2.5克，鸡汤、牛奶各50克。

【制法】

1. 虾蓉加绍酒、葱姜汁各半、盐1克及蛋清上劲。

2. 鸡蛋液加余下全部原料搅散，虾蓉挤成丸子放在蛋液中，蒸熟即成。

【提示】 丸子不要过大。

紫薯花蛋羹

【原料】 鸡蛋 2 个，紫薯饭 50 克，圣女果 3 个，黄瓜皮 30 克，火腿肠片 15 克，绍酒、葱姜汁、香油各 10 克，精盐 2 克，鸡汤 100 克。

【制法】

1. 鸡蛋液加全部调料搅散蒸熟取出。

2. 用紫薯饭及余下原料点缀成花状即成。

【提示】 黄瓜皮刻成树叶形后用调料拌匀。

紫菜蛋花羹

【原料】 鸡蛋 1 个，紫菜、葱姜汁、湿淀粉各 15 克，虾皮 10 克，料酒 5 克，精盐 2 克，鸡汤 300 克。

【制法】

1. 鸡蛋液磕入碗内，加料酒、葱、姜汁搅散。紫菜撕成小片。

2. 锅加汤、虾皮、盐，用湿淀粉分两次勾芡。

3. 下紫菜，淋入蛋液搅动成蛋花，装碗即成。

【提示】 紫菜不要过早下锅。蛋液凝固成花后立即关火。

双色鱼肉羹

【原料】 黑鱼肉丁 100 克，胡萝卜丁、兰花茎丁各 25 克，蛋清半个，绍酒、葱姜汁、湿淀粉各 15 克，生粉 3 克，精盐 2.5 克，胡椒粉 0.5 克，鸡汤 400 克。

【制法】

1. 鱼丁拌匀绍酒、葱姜汁各半、盐 1 克及蛋清、生粉。

2. 锅加汤及余下调料烧开，下蔬菜丁煮熟。

3. 下鱼丁烧开，用湿淀粉勾芡，装碗即成。

【提示】 鱼丁下锅烧开后撇净浮沫。出锅时加胡椒粉。

菜头芒果羹

【原料】 熟红菜头、杧果各175克，骨头汤100克，白糖、蜂蜜各20克，熟核桃仁碎、花生碎、湿淀粉各10克，精盐1克。

【制法】

1. 菜头碾碎，加全部原料（不含蜂蜜、杧果）炒开勾芡。

2. 杧果打成泥，加蜂蜜调匀，同红菜头装盘呈太极形状即成。

【提示】 菜头泥不能用铁锅炒制，容易变性。

奶香金瓜羹

【原料】 熟南瓜泥、山药泥各150克，鲜牛奶、鸡汤各200克，白糖、湿淀粉各20克，精盐3克。

【制法】

1. 山药泥用牛奶、白糖及盐1克炒开，用淀粉10克勾芡。

2. 南瓜泥用鸡汤、精盐炒开，用湿淀粉勾芡，一起装盘成太极形状。

【提示】 均用小火炒制，防止煳锅。

兰花火腿蛋羹

【原料】 鸡蛋2个，韭菜末、盐水西兰花、花梗各20克，火腿肠1片，留尾虾2只，绍酒、葱姜末、香油各10克，精盐1.5克，鸡汤150克。

【制法】

1. 鸡蛋液加全部调料搅散，入锅蒸五成熟。

2. 放上火腿肠、虾、西兰花、韭菜末、花梗成图案，蒸熟即成。

【提示】 虾从背部片开，用绍酒、盐入味。

鲜虾韭菜蛋羹

【原料】 鸡蛋2个，韭菜末30克，留尾虾3只，绍酒、姜汁、香油各10克，精盐1.5克，鸡汤150克。

【制法】

1. 鸡蛋液加全部调料搅散，入锅蒸五成熟。
2. 中间放上虾，撒上韭菜末，蒸熟即成。

【提示】 虾从背部片开，用绍酒、盐入味。

肉末番茄蛋羹

【原料】 鸡蛋2个，西红柿50克，肉末、芹菜末、牛奶各25克，葱姜末、油各10克，白糖、生粉各3克，精盐2克，鸡汤100克。

【制法】

1. 鸡蛋液加牛奶、鸡汤，盐1克搅散入锅蒸熟。
2. 锅加油、肉末炒熟，下余下全部原料炒透，浇在蛋羹上即成。

【提示】 肉末出锅前用调稀的生粉勾薄芡。

水晶金瓜

【原料】 熟南瓜泥200克，豆浆、稀澄面糊各50克，白糖25克，糖桂花、油各15克。

【制法】

1. 南瓜泥加白糖、豆浆、糖桂花炒开。
2. 倒入稀澄面糊、油炒开，倒在平盘内凝固，切块即成。

【提示】 用20克澄面加水30～50克搅稀，成稀澄面糊。

虾仁糕馍

【原料】 面粉75克，鸡蛋1个，虾仁丁75克，芦笋丁25克，绍酒10克，油15克，葱姜末5克，精盐、泡打粉、发酵粉各1.5克，水适量。

【制法】

1. 面粉加泡打粉、酵母粉、鸡蛋液、水搅成糊状。

2. 面糊倒在抹油的心形模具内蒸熟取出挖空中心。

3. 锅加油、虾仁、芦笋丁及全部调料炒熟，装在馍内即成。

【提示】 面糊要稠一些。

鸡丁夹馍

【原料】 面粉、鸡肉丁各75克，青红椒丁25克，鸡蛋1个，绍酒、葱姜末各10克，油15克，精盐、泡打粉、发酵粉1.5克、水适量。

【制法】

1. 面粉加泡打粉、酵母粉、蛋液、水搅成糊状。

2. 面糊倒在抹油的心形模具内蒸熟取，挖空中心。

3. 锅加油、鸡丁及余下全部原料炒熟，装在馍内即成。

【提示】 鸡丁最好用湿淀粉上浆。

菊花蛋挞

【原料】 蛋挞2个，草莓、凉拌黄瓜皮各50克，猪里脊150克，鸡蛋清1个，生粉、绍酒、葱姜汁各20克，油500克，汤50克，白糖、精盐各2克。

【制法】

1. 肉剞上多十字花刀，切小块，用蛋清及绍酒、生粉拌匀。

2. 下四成热油锅滑熟捞出。锅加全部调料炒开勾芡，下肉翻匀。

3. 蛋挞、菊花肉、黄瓜皮、草莓摆盘即成。

【提示】 草莓要用淡盐水泡约5分钟再冲洗。

西米枣泥卷

【原料】 西米、枣泥馅各200克，白糖25克，油10克。

【制法】

1. 西米加水泡30分钟控净水，加白糖、油拌匀。

2. 西米放在芭蕉叶上成条状，中间放上枣泥。

3. 卷成卷包严，蒸30分钟取出去皮，切段即成。

【提示】 西米要包严枣泥馅。

双味面包

【原料】 面包2片，培根片、紫薯泥、杧果泥各50克，焯油菜、冬笋各25克，核桃粉、玫瑰酱各10克，蜂蜜15克。

【制法】

1. 紫薯泥加核桃粉、玫瑰酱、蜂蜜调匀。

2. 面包切三角块，烤焦脆后分别抹上紫薯泥、杧果泥。

3. 培根入锅煎熟，同面包片、油菜、冬笋装盘即成。

【提示】 焯油菜、冬笋时要加盐及油。

五 仁 粽

【原料】 糯米500克，花生仁、核桃仁、大杏仁、瓜子仁、松仁、炼乳、冰糖各50克，糖桂花20克，粽叶20张，马莲10根。

【制法】

1. 五仁拌入调料。

2. 粽叶折斗状，放糯米、五仁，盖上米包严，用马莲系牢，放入沸水锅煮熟即成。

【提示】 五仁最好提前炸熟。糯米先泡透。